誰が

科学を

殺すのか

科学技術立国「崩壊」の衝撃

誰が科学を殺すのか——科学技術立国「崩壊」の衝撃

目次

第二章

「選択と集中」でゆがむ大学

内閣府主導プロジェクトで「やらせ公募」／膨張する内閣府の集中投資／
相次ぐ成果の「誇大広告」／「当たり馬券」だけ買えるのか／
基礎研究はなぜ大切か／行き詰まるiPS細胞ストック事業／
iPS細胞偏重によってひらく世界との差／調査は自腹、あえぐ地方大学／
「国立大二〇校分」削られた予算／老朽化で屋根崩落／
綱渡りだった「チバニアン」申請／外部資金頼みの研究者／
研究する時間がない／強まる国の支配に反感／将来が見えない博士たち／
博士就職難に変化の兆しも／ブラック化する研究現場／
研究者就職システム　世界から遅れ／学会から離れる研究者

「『選択と集中』、大事なものを見失う」――黒木登志夫・元岐阜大学長
「大学が民間資金を獲得して種まきを」――上山隆大・元政策研究大学院大副学長
「研究力衰退の原因は予算削限ではない」――神田眞人・財務省主計局次長
「効率化優先　現場は疲弊」――山極寿一・京都大学長

第三章

「改革病」の源流を探る

「科学技術族」長老の嘆き／「選択と集中」路線の始まり／旧科技庁と大蔵省の知られざるバトル／「寝耳に水」の交付金削減

「交付金維持は政府の義務」——遠山敦子・元文部科学相

法人化はなぜ必要だったのか／強まる国の圧力、広がる大学間格差

「大学は聖域ではない」——竹中平蔵・元経済財政担当相

東大はなぜ独り勝ちできたか

「財源再構築　他大学も参考にして」——五神真・東京大学長

「学問の精神　追いやられた」——長尾真・元京都大学長

強まる「経済のための科学」／独自予算で変質した司令塔

「科学政策に科学者の声を」——井村裕夫・元総合科学技術会議議員（元京都大学長）

第四章　海外の潮流 …… 211

誰が科学を殺すのか――科学技術立国「崩壊」の衝撃

本書は二〇一八年から一九年にかけて、毎日新聞に掲載された「幻の科学技術立国」を再構成・加筆したものである。登場する人物の年齢や肩書きは原則として掲載時のままとしている。

プロローグ

日本の研究力を示すさまざまな指標が、悪化の一途をたどっている。ノーベル賞の自然科学三賞には毎年のように日本人が選ばれているものの、そのほとんどは数十年前の過去の研究成果であり、現在の日本の存在感は急速に失われつつある。

政府はこの二〇数年間、科学技術政策を「経済成長の柱」と位置付け、さまざまな政策を打ち出してきた。だが皮肉にも、かつて日本の「お家芸」と呼ばれた研究分野ですら、没落の崖っぷちに立たされている——。

お家芸の材料科学で「周回遅れ」

「海外では何年も前から、この手の論文が出ている。これだけで有名な学術誌に載る時期はもう過ぎた」

横浜市緑区の東京工業大すずかけ台キャンパス。二〇一四年末、細野秀雄教授は、同僚からある研究成果について相談を受け、そう告げた。

同僚が研究していたのは、赤く光る新しいタイプの半導体だ。同僚はそれを、カルシウムと亜鉛と窒素というごくありふれた元素の組み合わせで作り出せることを計算で予測してみせた。

原料となる物質の膨大なデータを基にコンピューターで未知の材料を見つけ出す「マテリア

ルズ・インフォマティクス」（ＭＩ）という手法を使った成果だった。だが、細野氏は新味に欠けるように感じた。

「実際にモノを作る実験とセットじゃないと、もう載らないよ」

細野氏の提案で、研究チームは予測した通りの半導体が実際に作れることを証明し、一年半後、晴れて論文を投稿した。

戦後、日本の材料科学は世界をリードしてきた。経験や勘を頼りに試行錯誤でさまざまな物質を組み合わせて新素材を創り出す職人的なノウハウが強みだった。光を当てると化学反応を促進する光触媒、一四年のノーベル物理学賞に輝いた青色発光ダイオード、世界で最も強力なネオジム磁石……。日本発の革新的な素材は数え上げれば枚挙にいとまがない。

細野氏自身、鉄を主成分とする新タイプの高温超伝導体の発見など、ノーベル賞級の成果を幾つも世に送り出してきた。年間総輸出額の四分の一を占める工業用素材は、日本経済を支える大黒柱でもある。ところが、ＭＩの登場で状況は一変した。日本は「完全に周回遅れ」（細野氏）に陥っているのだ。

背景には、時宜《じぎ》にかなった他国の科学技術政策がある。

一一年、当時の米オバマ政権は材料を生物のゲノム（全遺伝情報）になぞらえた「マテリアルズ・ゲノム・イニシアチブ」(MGI)を始動。「材料開発から製品化までの時間を半分にする」とうたい、五年間で五億ドル以上の予算を投じた。中国も直後に類似の政策「チャイナMGI」を発表し、米国を上回る予算を投入した。一方、日本では一五年、国立研究開発法人物質・材料研究機構(茨城県つくば市)を中心とした産学官共同プロジェクトがようやく始まった。だが、米中とは比較にならない規模だ。

MGIの成果はすぐに表れた。米マサチューセッツ工科大と韓国サムスンは一二年、長寿命で安全なリチウムイオン電池を発表した。MIを取り入れ、実験を一切せずに、開発着手からわずか一年で発表にこぎつけた。同様の電池を、日本では東京工業大とトヨタが五年も前から開発に取り組んでいた。幸い、特許申請はタッチの差で日本チームが早く、かろうじて特許権は認められた。しかし、長年培ったノウハウを圧倒する革新的な手法の威力を目の当たりにし、関係者は青ざめた。

材料科学における日本の衰退ぶりは、データ上でも明らかだ。一九九三〜九五年、この分野の日本の論文シェアは一二%だった。米国に次ぐ二位で、三位以下を大きく引き離していた。ところが、一三〜一五年は四・四%にとどまり、中国や韓国、インドに抜かれた。

時流に乗る海外勢に日本はこのままのみ込まれてしまうのか。

細野氏は「綿密な実験で実際にモノを作り出す力は日本が強い。勝つ道はある」とまだ希望を捨てていない。だが、危機感は強い。

「ここ五年ほどの日本の科学技術力の落ち方は尋常じゃない。将来を担う若手も育てていない。これからもっと悪くなるでしょうね」

論文数が示す日本の転落

「実質国内総生産（GDP）当たりの論文数はラトビアやトルコと同じくらい。データ上は、日本は科学技術立国とは言えない」

豊田長康・鈴鹿医療科学大学長は一四〜一六年のデータを分析し、そう言い切る。

豊田氏によれば、全分野の論文数の合計を比較すると、米国、中国、韓国など欧米やアジアの主要約二〇カ国の中で日本が唯一、〇二年ごろから停滞または減少している。人口当たり、もしくはGDP当たりの論文数も増えておらず、他国に追い越されている。豊田氏は「日本の研究力は質・量ともに低下している」と嘆く。

文部科学省科学技術・学術政策研究所（NISTEP《ナイステップ》）の報告によると、日本は八〇年代から〇〇年代初めまで論文のシェアを伸ばし、一時は米国に次ぐ世界二位に浮上した。しかし、ここ約一〇年の落ち込みは顕著だ。一三〜一五年の三年平均では中国、ドイツに抜かれ四位に。

引用数上位一％の影響力の大きな論文に限れば、オーストラリア、カナダ、イタリアにも抜かれ、四位から九位に転落している。年間平均論文数は一〇年前に比べ約三九〇〇本も減少した。

低迷はアカデミアの世界にとどまらない。戦後、日本企業はものづくりの力で急成長を遂げ、「メイド・イン・ジャパン」は高品質の代名詞となったが、近年は名だたる大企業も社会変革の波に乗りきれず、苦戦が続く。

代わって市場を席巻するのは、米国のグーグルやアップルなどに代表されるグローバルＩＴ企業や、それに追いつけ追い越せとばかりに存在感を増すアジアの新興企業たちだ。

この急転落は一体どうして起きてしまったのか。

「科学技術立国・日本」再生への処方箋は果たしてあるのか。

その疑問に踏み込む前に、まずは日本企業の研究開発の現場をとりまく実態をつぶさに見ていくことにしよう。

第一章

企業の「失われた三〇年」

「ものづくり」で高度経済成長を牽引した日本企業だが、グーグルなど巨大IT企業の出現や経済のグローバル化、新興国の台頭といった社会変革の中で、急速に存在感を低下させつつある。日本の企業はなぜかつての勢いを失ったのだろうか。国内の研究開発投資の八割近くを担う企業の現状と課題を考える。

「産みの親」東芝はなぜ敗北したか

「君はジョギングしながら音楽を聴きたくないか。フラッシュメモリー（記憶媒体の一種）を使えばそれができる」

一九九〇年ごろ、東芝の総合研究所（川崎市、現・研究開発センター）で、入社志望の学生に熱心に語りかける技術者がいた。半導体メモリーの研究開発を率いていた舛岡《ますおか》富士雄氏だ。重くてかさばる上、揺れると音が飛びやすいCDを使った携帯用音楽プレーヤーがやっと普及し始めた時代。舛岡さんの部下だった作井康司氏は「学生さんは目が点になっていた」と懐かしそうに振り返る。

今やフラッシュメモリーは、多くの電子機器に不可欠だ。作井氏は言う。

「舛岡さんはアップル創業者のスティーブ・ジョブズ氏のように、三〇年先を見据えることのできるビジョナリー（先見の明がある人）だ」

フラッシュメモリーは八〇年代に舛岡氏が発明した。半導体で作り、電子の出し入れによってデータの書き込みや読み出しをする記憶媒体だ。磁性を使う磁気テープやハードディスク、光を使うCDやDVDに比べ、データの入出力が格段に速く、小型化・省電力化できるメリットがある。自動車や家電、スマートフォン、デジタルカメラ、ノートパソコンなど多種多様な製品に搭載されている。

七〇年代に登場した半導体メモリー「DRAM《ディーラム》」は電源を切るとデータが消えるが、フラッシュメモリーはこの弱点を克服した。その可能性に目を付けた米国の半導体メーカー「インテル」は、舛岡氏の最初の発表から三年後にフラッシュメモリー事業部を設置している。

一方、東芝社内では当時、DRAMの売り上げが全盛期だったこともあり、フラッシュメモリーの評判は芳しくなかった。舛岡氏はDRAMの高性能化に取り組みつつ、安価での製造が可能な「NAND《ナンド》型」というフラッシュメモリーの開発を継続。九一年に世界初の製品化にこぎつけたが、販売では不振が続き、「約一〇年間、日の当たらない坂道を歩き続けた」（作井氏）。舛岡氏は九四年、「フラッシュの先の技術を開発したい」と、東北大教授に転身した。

NAND型フラッシュメモリーは九〇年代中ごろからデジタルカメラ用の需要が拡大したの

をきっかけに、二〇〇〇年代には東芝の主力製品に成長した。しかし、このとき世界のトップシェアを握ったのは、生みの親の東芝ではなく、韓国のサムスン電子だった。

部品業界では供給が滞るリスクを避けるため、必ず複数のメーカーが必要とされる。新たな市場を開拓する手段として東芝が九二年にサムスンにＮＡＮＤ型の技術供与をすると、サムスンはすぐに巨額の投資に踏み切り、それが奏功した。八〇年代に東芝の半導体事業を率い、九四年に退任した元副社長の川西剛氏は「投資するかしないか、東芝が役員会でもたもた議論しているうちに、サムスンはこれが伸びると信じて投資した。スピード感に差があった」と話す。関係者によると、技術供与の後も社内には「本当にもうかるのか」という懐疑論があったという。

NAND型フラッシュメモリーの世界シェア

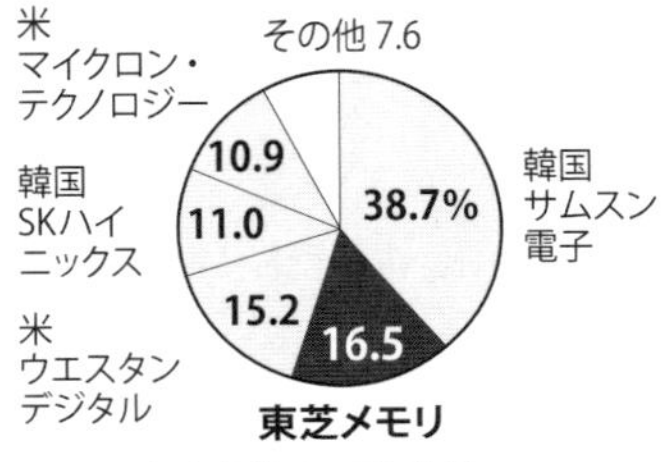

※IHSマークイット調べ、17年実績。
四捨五入のため、合計は100%にならず

東芝はフラッシュメモリーを立体的に積層するなど記憶容量を高める技術を次々と生み出し続けた。だが、需要に柔軟に対応しきれなかったため先行者利益を生かせず、サムスンの後塵《こうじん》を拝した。九〇年ごろにはトップシェアを誇ったＤＲＡＭでもサムスンに抜かれ、〇一年に撤退を決めた。

判断が遅れた要因には、東芝が家電から原子力まで多種多様な部門を抱える総合電機メーカーだったことが挙げられる。投資のバランスをとる必要があり、他部門の不振で思い切った意思決定は難しかった。

長内厚・早稲田大教授（技術経営論）はそれに加え、経営戦略の不在を指摘する。

「東芝に限らず日本の大手企業の多くは、技術的な優位性があればビジネスでも優位に立てるという思い込みから、同じ失敗を繰り返している。自ら開発した技術がそのまま製品の価値になった七〇～八〇年代の成功体験が忘れられないからだろう。経営の課題を全て技術の問題として解決しようとしてきたところに問題があった」

パナソニックのプラズマテレビやシャープの液晶パネルなど、日本メーカーの場合、技術は優れているのに世界的な競争に勝てないケースが目に付く。長内氏によれば、一方のサムスンは安く大量に作って売るという戦略の下で、収益を次の事業に投資するサイクルを繰り返して成長してきたという。

東芝の経営悪化は、大事にしてきたはずの研究開発にも影を落とした。研究開発センターで半導体関連の研究をしていた三〇代の男性エンジニアは「装置は古く、高額の装置を買う予算もない。短期的な利益ばかりが重視され、職場のモチベーションは下がる一方だった」と明か

半導体メモリー事業が東芝の利益の中心だった

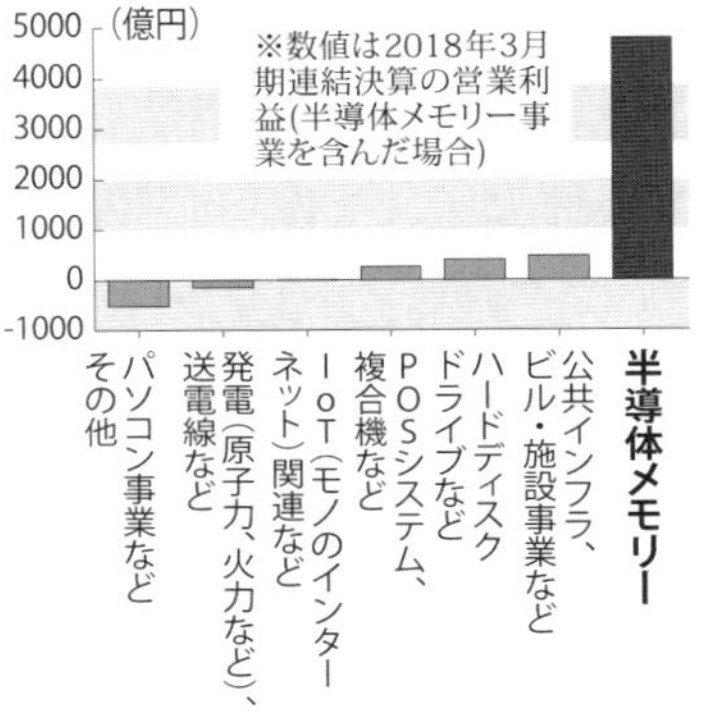

す。このエンジニアは数年前に他企業に移籍した。

東芝は一八年、半導体事業の子会社「東芝メモリ」を米ファンドが主導する日米韓連合に約二兆円で売却し、「稼ぎ頭」を失った。時代の先を読む発明やアイデアを具現化できる優秀な技術者集団に恵まれながら、ビジネスで勝てなかった東芝。その姿は、日本の産業界全体に重なる。

一八七五年に創業した東芝は私たちの生活を一変させる数々のイノベーションを生み、日本の製造業を牽引してきた。日本初の電気洗濯機や電気冷蔵庫、日本語ワープロ、世界初のラップトップパソコンは、いずれも東芝が発明した。公益社団法人「発明協会」が選んだ「戦後日本のイノベーション一〇〇選」には、ソニーと並んで最多の八件がランクインしている。

中でも近年の収益の屋台骨になったのが、フラッシュメモリーなどの半導体事業だ。九〇年には売上高がNECに次ぐ世界二位となり、東芝の利益の大半を生むようになると、それを元手に東芝は拡大路線を突き進む。〇六年には米国の原発企業ウェスチングハウスを六二〇〇億

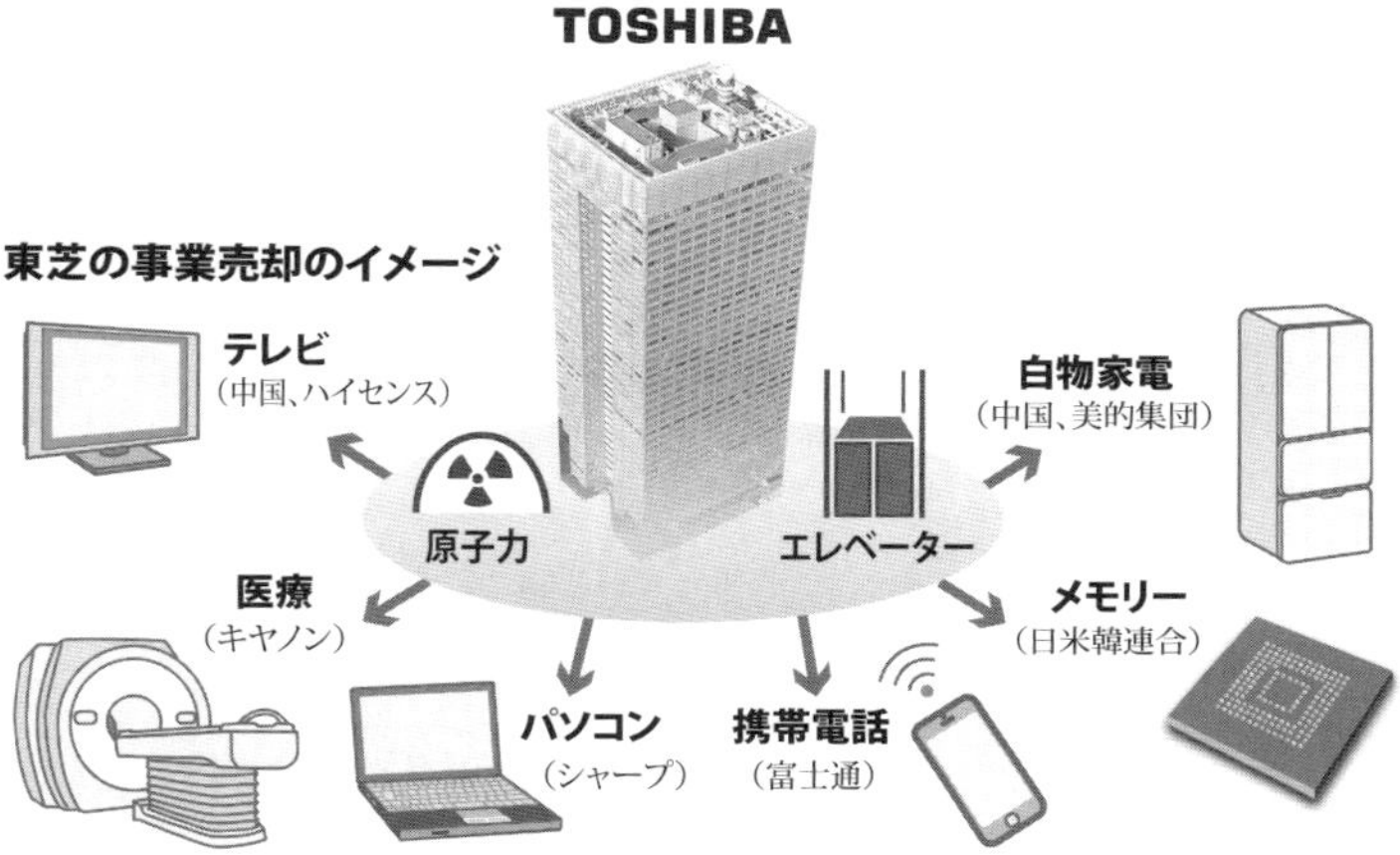

円で買収。気候変動問題を背景に、発電過程で二酸化炭素を排出しない原発は当時、成長産業とみられており、国内だけでなく海外の原発産業も手中に収めるという上層部の意向が強く働いたとされる。

しかし、一一年の東京電力福島第一原発事故により、世界の原発産業が停滞。東芝は巨額損失を隠すため、歴代社長の「チャレンジ」、すなわち粉飾をトップダウンで命じ、不正会計に手を染めた。一五年にそれが公になったことが転落の直接の引き金となる。負債は一兆円に達し、債務超過に転落した。

東芝は負債を返すべく、白物家電は中国企業、パソコンはシャープへと、自らイノベーションを起こした事業を次々と切り売りした。かつての巨大総合電機メーカーは今や見る影もない。

若林秀樹・東京理科大教授（技術経営）は「東芝が『選択と集中』を誤った企業買収を進めたことが原因だ」と分析する。半導体は競争が激しいうえ単価も安く、数年で製品モデルが変わる。一方の原発は一基数千億円と巨額で、建設までに十数年以上かかる長期ビジネスだ。「両極端の事業を同時に進めることで中間が空洞化し、経営が両方に対処するのが難しくなった」

東芝はしばしば「自由でおおらかな社風」と言われた。その体質はイノベーションを生む原動力にもなった半面、安易な巨額買収に踏み切ったり、不正会計が行われたりする土壌にもなった。

「社風が生んだ成果を社風で失うことになり、まさに功罪と言える」と若林氏は話す。

グーグルになれなかったＮＥＣ

「量子コンピューターを共同開発したい」

〇三年ごろ、茨城県つくば市のＮＥＣ基礎研究所（当時）を二人の外国人男性が訪れた。それぞれカナダのベンチャー企業の副社長、特許担当と名乗った二人は、「私たちは量子コンピューターに関する、ある特許の使用権（ライセンス）を持っている」と話し、共同研究のメリットを強調した。

量子コンピューターとは、現在のスーパーコンピューターを遥かにしのぐ計算能力を持つと言われる「未来のコンピューター」だ。

量子とは、粒子と波の性質を併せ持つミクロな粒子のことで、物質を形作る原子や、その原子を構成する陽子や電子、中性子、さらにニュートリノなどの素粒子を指す。量子の世界では、マクロな世界の古典力学は通用しない。代わりに量子力学という特殊な理論に従って振る舞い、常識では捉えがたいが、さまざまな状態が同時に重なり合って存在する。

通常のコンピューターは電気信号を用い、電流が流れている状態を「1」、流れていない状態を「0」と考え、1か0のどちらかの値を取る「ビット」という基本単位を使って計算する。一方、量子は1でもあり、0でもある「重ね合わせ」の状態をとれるので、量子コンピューターでは二ビットなら二×二で四通り、Nビットでは二のN乗通りの処理が同時にできることになる。ビット数を増やせば、既存のコンピューターではとても計算できないほど複雑な問題も、極めて短い時間で計算できると期待されている。通常のコンピューターのように幅広い計算に使える「汎用型《はんよう》」と、特定の計算に強い「特化型」がある。

現在、各国の企業や研究機関が量子コンピューターの開発にしのぎを削っているが、〇三年当時は、まだ基礎研究が始まったばかりの段階だった。

「突然の話だったので驚いた。怪しげだなと思った」。二人の外国人男性にＮＥＣの研究員として応対した中村泰信氏はそう振り返る。

しかも、二人のいるカナダの企業には、量子コンピューターの理論の専門家がいるだけで、自前の実験拠点すら持っていないという。一方のＮＥＣ基礎研究所は、有名国立大や国の研究機関をもしのぐ「世界最先端の実験設備」（中村氏）があり、さまざまな特許も保有していた。微小な炭素材料のカーボンナノチューブ（注）など、ノーベル賞級の成果も複数出していた。

「海の物とも山の物ともつかないベンチャーとＮＥＣでは釣り合わない」。結局、基礎研究所長だった曽根純一氏の判断で申し出を断った。今でこそ、大企業とベンチャー企業が組んで研究開発をする「オープンイノベーション」が当たり前になっているが、「当時の日本には、まだそういう感覚がなかった」と曽根氏は振り返る。

このカナダ企業こそ、八年後、限定的な用途に特化した「特化型」のタイプながら、世界初の商用量子コンピューターを発売したＤウエーブシステムズ社だった。

同社が話を持ちかけたのは、ＮＥＣがその数年前、量子コンピューターの根幹技術を開発していたからだった。

根幹技術とは、量子コンピューターの計算の基本単位となる「量子ビット」の回路の作成で、基礎研究所にいた中村氏と蔡兆申《ツァイヅァオシエン》氏が九九年、世界で初めて作成に成功し、英科学誌ネイチャーに発表した。量子ビットはあくまで理論上のもので、「モノ」としてつくるのは難しいとみられていただけに、論文は世界的な反響を呼んだ。

当時のNECは、間違いなく量子コンピューター研究のトップランナーだったと言える。それにもかかわらず、「世界初の実用化」の成果を勝ち取ったのは、NECが「パートナーとして考えられない」と相手にしなかったDウエーブシステムズ社だった。

なぜ追い越されたのか。そのカギを握ったのが、物理学者のセス・ロイド氏（現・米マサチューセッツ工科大教授）だ。

前述の通り、量子ビットは「1」と「0」の重ね合わせの状態になっている。これは通常の電気信号ではなく、絶対零度近くの極低温でできる超伝導などを使っているが、寿命が非常に短く、ナノ秒（ナノは一〇億分の一）か、長くてもマイクロ秒（一〇〇万分の一）単位しかない。外部からの衝撃や振動で、すぐにエラーを起こすという難点もあった。

ロイド氏は、これらを克服できるとする「特化型」の量子コンピューターの理論に早くから着目し、「実現の可能性がある」とDウエーブシステムズ社に開発を提案した。同社はそれを受け入れ、特化型の開発に転換。いち早く実用化にこぎつけた。

実はロイド氏は、〇〇年にＮＥＣとも量子コンピューターの共同研究契約を結び、何度も基礎研究所を訪れては、特化型の可能性を説明している。だがＮＥＣは、当初から目指していた「汎用型」の開発に固執し、結果的に後れを取った。

もし、Ｄウエーブシステムズ社との共同研究が実現していたら、あるいはロイド氏の助言を採用していたら、どうなっていただろうか。

蔡氏は「（方針転換が難しい）大企業病のようなものがあったかもしれない。当時は僕たちのグループが世界の最先端を行っていたのに、先を越されたことは残念だ」と悔やんだ。

〇八年のリーマン・ショック以降、ＮＥＣはかつて世界一の売上高を誇った半導体をはじめ、パソコン、リチウムイオン電池などの事業を次々に売却する。

それに伴い、研究体制も縮小の一途をたどった。〇七年度には年間約三五〇〇億円あった研究開発費は、一八年度には約一〇〇〇億円まで落ち込んだ。研究員たちも次々にＮＥＣを離れ、中村氏は東京大教授、蔡氏は東京理科大教授にそれぞれ転身している。

研究開発に時間とカネがかかる「ものづくり」を減らしたＮＥＣだが、量子コンピューターの開発は継続している。一八年には、特化型を二三年までに独自開発する目標を掲げている。

もともと開発を目指してきた汎用型についても、文部科学省の事業に参画し、一〇〇〇量子ビットの実機開発を目指している。事業の代表を担うのは、かつてNECに在籍した中村氏だ。

ただし、世界的に見ると、出遅れた感は否めない。特化型は、先行するDウエーブシステムズ社がすでに二〇〇〇量子ビットを達成し、二〇年度には五〇〇〇量子ビットの実機を出荷すると発表している。汎用型も、米国のグーグルやIBM、中国のアリババなどの巨大企業が開発に乗り出した。各国は数百億〜一〇〇〇億円以上を投資している。文科省の投資額は一八年度から一〇年間で四〇億円に過ぎず、投資額の桁が違う。

日本企業も巨額の投資には及び腰だ。中村氏によると、文科省の事業はほぼ国の予算内で行い、NECはほとんど「手弁当」で加わるという。中村氏は「日本企業は量子コンピューターにそれほどお金を出せる状況にない」と話す。

曽根氏は「NECはものづくりを手放したことで元気を失った」と残念がる。「多くのシーズ（研究開発の種）を持っていたのに、情けない。基礎研究所で我々は、今のグーグルやIBMのような企業になれると信じて開発してきたが、なりきれなかった」

実は、量子コンピューターで日本が世界に先行していたのは企業だけではない。日本の大学にもその「種」はあった。

「日本で生まれたアイデアが北米でイノベーションを生み、それが産業化への大きな流れになった」「(日本は)世界をリードするチャンスを失ってしまった」

一七年末、首相官邸で開かれた政府の総合科学技術・イノベーション会議(CSTI)。議長の安倍晋三首相らを前に、西森秀稔・東京工業大教授が熱弁をふるった。

西森氏は九八年、特化型量子コンピューターの基礎になる理論を世界で初めて提唱した。量子ビットは単独ではすぐに壊れてしまうが、前述した「重ね合わせ」の性質を使うと、量子ビット同士を「つなぐ」ことができ、全体として計算に使うことができるというメリットがある。つながった量子ビット同士が相互作用して、全体が次第に安定した状態に落ち着いていく。これが計算の「答え」になるイメージだ。

この理論は「量子アニーリング」(アニーリングは「焼きなまし」の意味)と呼ばれる。金属を熱して冷やすことで、不均一な構造を均一にする焼きなましに似ていることから、こう名付けられた。

ロイド氏が注目し、研究を進めていたのもこの理論だ。当初は、ロイド氏が在籍した米マサチューセッツ工科大などのチームの研究が先行している、とみられていたが、実際には西森氏の方が論文発表は先だった。

この理論を採用し、Dウエーブシステムズ社が一一年に世界で初めて商用化した特化型量子コンピューターは、米航空宇宙局(NASA)やロッキード・マーチン社など、米国の政府機関や大企業が相次いで導入した。日本でも、デンソーなどがクラウド（遠隔）で利用しているほか、東工大と東北大は、共同で実機を購入する計画を打ち出している。日本発の理論が、日本に「逆輸入」されているわけだ。

今や競争の舞台は海外に移り、日本は完全にお株を奪われた状態だ。西森氏によると、「紙とエンピツ」で作り上げた理論だったため、研究当時は量子コンピューターに生かそうというアイデアは全くなかったという。「象牙の塔（大学）にこもってタコツボ化していた」と西森氏は悔やんだ。

さらに深刻なのは、イノベーションの芽となる「突拍子もないアイデア」（西森氏）が生まれる場すらも失われつつある、という現状だ。西森氏は会議でこうも指摘した。

「日本の大学には、じっくりと落ち着いて基礎研究をする環境が九〇年代まではあったが、残念ながら過去形だ」

その実態については、第二章で詳しく報告する。

（注）**カーボンナノチューブ**　炭素原子の網を筒状に編んだようなナノメートル（一〇億分の一メートル）単位ほどの微細な素材。引っ張り耐性がダイヤモンドの二〇倍など、しなやかで非常に強く、さまざまな特性を持つため、建築素材から半導体までさまざまな応用が期待されている。一九九一年

にNEC基礎研究所の主席研究員だった飯島澄男氏（現・名城大終身教授）が発見した。

日本企業が門前払いした「シーズ」

「これが最後のチャンスだ」

一六年八月、蓮見恵司・東京農工大教授は背水の陣の心境で米製薬企業バイオジェンの日本法人に向かった。来日した同社の研究開発責任者らに、開発中の急性脳梗塞《こうそく》の新薬「TMS—007」を売り込むためだ。この日のために、データを詰め込んだ七〇ページ超の資料を準備した。

新薬の主成分は、沖縄・西表島の落葉から見つかった黒カビが生み出す物質で、蓮見氏らが血の塊を溶かす作用があることを発見した。従来の治療薬は脳出血を引き起こす副作用があり、徐々に血管がもろくなる脳梗塞では発症から四時間半までしか使えない。しかし、この新薬は血管を守る働きもあるため、発症から長時間経過した後も使える可能性がある。

蓮見氏は、当時社長を務めていたベンチャー企業「ティムス」で新薬の開発を進めてきた。五〇社以上に売り込みを掛けたが、多くの日本企業では「うちは脳梗塞の薬はやっていない」と取り合ってもらえなかった。話を聞いてくれた社も「フェーズⅡ（第二相試験）のデータを持ってきて」と突き放した。

「フェーズII」とは、少数の患者に薬を投与し、主に新薬の有効性を調べる試験のことだ。ここで有効性が確認されれば、将来の製品化のめどがある程度見通せる。「言うのは簡単なんですが」と蓮見氏。安全性を確認するフェーズI（第一相試験）を一五年に終えるまでに五億円以上かかり、ティムスの資金は底を突いていた。製薬企業が興味を示さなければ、投資会社からの新たな資金も得られず、さらに数億円かかるフェーズIIに進むことはできない。そんな中、興味を示したのがバイオジェンだった。

バイオジェン幹部が繰り出す質問は、蓮見氏を驚かせた。「どうしたら薬として開発できるかという観点からの質問がほとんどだった。懸念している点ばかり尋ねる日本企業とは違う」。初めて手応えを感じた。

約二年の交渉を経た一八年六月、バイオジェンはティムスと将来の製品化を見据えた契約を結び、一時金四〇〇万ドル（約四億五〇〇〇万円）を提供した。今後、薬の開発段階に応じてさらに一時金を支払い、最大三億三五〇〇万ドル（約三七七億円）を提供するという内容で、「日本のバイオベンチャーの中では過去最大規模の契約」（若林拓朗・ティムス社長）だという。投資会社からの資金提供も得られ、ティムスは念願のフェーズIIを開始した。

バイオジェンはなぜ、ほとんどの日本企業が門前払いした新薬について契約を結んだのか。

実は、米国のバイオジェン本部にティムスの新薬を強く推薦したのは、バイオジェン日本法人の鳥居慎一会長だった。「科学的なデータを見て、この薬剤が持つすばらしさにひかれた」と、鳥居氏は話す。鳥居氏自身、薬学の博士号を持ち、別の製薬会社で感染症の新薬や抗がん剤の研究開発に取り組んできた経験がある。

「フェーズⅡの結果が出れば誰でも効くかどうか分かるが、その前のデータを見て判断するのが科学者の役割だ。日本企業は、確実だと分かるまで手を出さないから意思決定が遅れる。それが、日本が米国より一歩、二歩遅れている大きな原因ではないか」

サムスン先行、ネット炎上

「研究開発費は国民の税金から出ているはずだ。その特許をなぜ韓国企業に売ったんだ」

一一年七月、国立研究開発法人科学技術振興機構（ＪＳＴ）が韓国の家電大手・サムスン電子と交わしたあるライセンス契約が、インターネット上で「炎上」した。

契約の対象は、細野秀雄・東京工業大教授らが発明した高性能の薄膜トランジスタ「ＩＧＺＯ《イグゾー》」を製品に使用する権利だ。従来の薄膜トランジスタより電子を一〇〜二〇倍も速く流すことができるため、高精細でエネルギー効率の高い液晶ディスプレイなどに応用が期待された。ＪＳＴは前年までの一二年間、この研究開発プロジェクトに計約二八億円を助成。晴れて基本特許を取得した後、国内外の企業にライセンス契約を呼び掛けた。最初に締結にこぎ着けたのが、日本メーカーのライバル企業だった、というわけだ。

ところが、ネット上には批判が渦巻いた。

「サムスン電子へ独占的に特許発明の実施を認める内容ではありません」

ＪＳＴは急きょ見解をウェブサイトに掲載して理解を求める、異例の対応を迫られた。

実はＪＳＴは、当時まだ海外との契約実績が乏しく、サムスンと契約を結ぶ前に国内のメーカー複数社に契約を打診していた。だが、国内メーカーから色良い返事はなく、結果的に、英科学誌ネイチャーに論文が発表された〇四年当初から関心を示していたサムスンが先行した。

一二年一月になって、シャープ（本社・堺市）が二番手でライセンス契約を結び、他社に先駆けて量産化に成功する。ＩＧＺＯ搭載の液晶ディスプレイはシャープ再生の切り札にまでなった。

細野教授は「国の支援を受けて研究しているから国内企業を優先したいし、実際に優先して声を掛けたが、手が挙がらない時は国内も国外も同じ。当時は日本企業もまだ強かったから、シャープをはじめ全部の企業が『それほど新しいことなんかやらなくていい』という考えだった。日本企業は横並び意識が強い」と語る。

ＪＳＴはこの一件をきっかけに、それまで乏しかった海外企業との契約を増やしていく。ＪＳＴで知的財産の管理や企業との交渉を担当する幹部は「海外の有力企業の中には世界中の社員に大学の研究成果を探させ、いち早く自社製品に取り込んでいるところもある。日本企業は社外からの技術導入の動きが遅い」と指摘する。

契約交渉の場にも、海外企業は幹部が来ることがあるのに対し、日本企業はいつも担当者レベルしか来ないという。「意思決定のスピードが違う」のだ。

過去にも、日本発の研究成果が海外企業の手で実用化されたケースは少なくない。一五年にノーベル医学生理学賞を受けた大村智《さとし》・北里大特別栄誉教授の発見が基になった抗寄生虫薬「イベルメクチン」は、米国のメルク社が開発した。一八年、同賞に選ばれた本庶佑《ほんじょたすく》・京都大特別教授が発見したたんぱく質「ＰＤ―１」を標的としたがん治療薬「オプジーボ」も、発売元の小野薬品工業の国内でのパートナー探しが難航し、米バイオベンチャーと共同開発した経緯がある。

前述のＪＳＴ幹部は最近、国内製薬企業の知人との雑談で、こんな話を聞いたという。「（ＰＤ―１を阻害すればがんに効くという）本庶さんの論文が今出てきたとしても、うちは契約しないと思う。合理的に収益が見込めるレベルでないと手は出せない」

日本の研究成果が、日本よりも海外で活用されていることを示すデータがある。

文部科学省科学技術・学術政策研究所は、〇六～一三年に二カ国以上で出願された特許を対象に、どこの国の論文（基礎研究）を引用しているかを分析した。日本の論文を引用した特許について発明者の所属国を調べると、最多は米国の発明者による特許で約九万本（四一・五％）を占めた。日本は約五万五〇〇〇本（二五・二％）と、米国の六割程度にとどまった。一方、日本の特許が最も引用していたのは米国の論文で、八万九〇〇〇本に上った。

同研究所の伊神正貫研究室長は「日本企業は新しい知識を受け入れる能力が低い可能性もある」と指摘する。海外の動向や研究成果に気を配り、的確な判断ができる「目利き」の不在が響いている。

米軍が手を伸ばしたベンチャー

膨大な開発コストと長期の研究が必要なバイオベンチャーは「結果が出るまでに一〇年かかる」とも言われ、資金調達は厳しい。特に日本では、より資金調達をしやすくするような法整備が海外に比べ遅れており、その厳しさは顕著だ。そんな中、日本国内のベンチャーによる「原石」をいち早く見つけた海外の組織が、触手を伸ばしつつある。

「面白い研究だからぜひ我々の補助金を出させてほしい。必要な金は全て出す」

一二年夏、再生医療ベンチャー「メガカリオン」（京都市）の三輪玄二郎社長のもとを在日米国大使館の関係者が訪れた。米国防高等研究計画局（ＤＡＲＰＡ）の意向だと明かし、こう続けた。「その代わり、知的財産権は全て米国のものになる」(注)

ＤＡＲＰＡが目を付けたのは、健康な人のｉＰＳ細胞（人工多能性幹細胞）から大量の血小板を作る同社の技術だ。血小板は止血作用のある血液成分の一種。現在は献血から作られた血小板製剤が、けがや手術時の止血、血小板が減少する血液難病の治療などに使われている。人工的に大量の血小板製剤が作れれば、供給の安定が見込める上、ウイルスや感染症のリスクも低くなる。三輪氏は「戦争で負傷した兵士の治療に役立てようとしているのだろうと思った」という。かつて三輪氏が米ハーバード大ビジネススクールを卒業後に関わった同大発の培養皮膚を作るベンチャーも、資金元はＤＡＲＰＡだった。

血小板作製の基礎技術は、三輪氏の高校時代の同級生、中内啓光《ひろみつ》・東京大特任教授らが開発した。〇八年秋にあった同窓会で、二人は卒業以来、四半世紀ぶりに再会。ｉＰＳ細胞から血小板を作り、人工血液として役立てるという中内氏の構想に、投資家だった三輪氏は二つ返事で乗った。「新たな医療インフラじゃないか。うまくすればゲームチェンジャーになれる」

二人は一一年九月、共同でメガカリオンを創業。それに先立ち、三輪氏は関連特許を所有していた東大と交渉し、起業に必要な分の独占的な使用許諾を得ると同時に、研究開発のための資金調達を始めた。

だが、国内企業からは「ベンチャー企業発の技術で医療インフラを変えるなんてできっこない」と相手にされなかった。二〇社近くを行脚したが、〇八年のリーマン・ショックの影響が尾を引いていたこともあり、資金獲得は難航した。DARPAから声がかかったのは、考え得る手を大方試し尽くし、「海外（からの資金調達）も視野に入れようか」と検討を始めたころだった。

投資側から資金提供の申し出を受けたのは初めて。「今すぐにでも資金は欲しい。でも日本の技術が米軍のものになってしまう」。思い悩んだ三輪氏は、やはり高校の同窓生の松永和夫・元経済産業事務次官に事情を打ち明けた。三輪氏の話を聞いた松永氏は顔色を変えた。「頼むからそれだけは勘弁してくれ。日本は今までサイエンスで勝って、ビジネスで負けてきた。またそれを繰り返してしまう」

経産官僚時代、日本発の発見や発明が海外で産業化していく様子を何度も見ては「血涙を絞ってきた」と経験を語り、三輪氏に官民ファンド「産業革新機構」（現産業革新投資機構）への相談を強く勧めた。

機構の存在を「全く知らなかった」という三輪氏だったが、勧めに従って同機構に打診。機構側は約一年間かけてメガカリオンの技術力や事業計画を調べ上げ、一三年に一〇億円の資金提供を決めた。一五年と一七年にもそれぞれ二〇億円、一一億円を調達。官民ファンドからの支援が決まると、ようやく他のベンチャーキャピタル（VC、ベンチャー企業に出資する投資会社）からも資金提供の話が来るようになった。再生血小板を使った血液製剤の開発も順調に進み、二〇年までにも、日米でそれぞれ治験を開始できる見通しだ。

DARPAからは、今でもたびたび開発状況の問い合わせがあるという。だが三輪氏は今、米軍の資金に頼らずに済んだことに安堵している。

日本でベンチャーを運営する難しさを、三輪氏はこう語る。

「技術と特許があっても、金が集まらないと何もできない。特にバイオベンチャーは、結果が出るまで一〇年かかると言われる。宝くじに例えると、当選発表は一〇年後。当たりが出ればそこから資金回収に入る。日本のVCはその一〇年を見越せず、待つこともできない」

（注）国防高等研究計画局（DARPA＝Defense Advanced Research Projects Agency）。人類初の人工衛星「スプートニク一号」が旧ソ連によって打ち上げられた翌年の一九五八年、米国防総省の一部門として創設された。米国がスプートニクで経験したような衝撃を二度と受けることがないよう、真に革新的な軍事技術を開発することが目的とされ、DARPA発の技術には、ベトナム戦争で

利用された枯葉剤やステルス技術、赤外線による暗視技術などのほか、インターネットや全地球測位システム（GPS）、ドローンなど民生利用されているものも多い。年間予算は約三七〇〇億円。自前の研究施設は持たず、強力な権限で研究を統括する「プログラム・マネジャー」が約一〇〇人いて、新規の研究計画の設計や、参加する大学や企業の研究者の選抜、最短期間での目標実現に取り組む。

法整備「米国の二〇年遅れ」

まだ評価が難しい段階の研究開発を担うベンチャー企業は、特に米国では、画期的な製品やサービスの開発に大きな役割を果たす。しかし日本のベンチャー企業は恵まれた環境にあるとは言い難いという。「米国と比べ、法整備が二〇年遅れている」と、文部科学省科学技術・学術政策研究所の新村和久上席研究官は指摘する。

米国では一九八〇年、政府資金による研究開発の成果で得た特許を大学や企業に帰属できる「バイ・ドール法」が成立し、大学などの発明や発見を元にしたベンチャー企業の設立が急速に進んだ。

これに対し、日本では経産省が二〇〇一年、大学などの研究成果を事業化する目的で「大学発ベンチャー一〇〇〇社計画」を策定。その翌年度にようやく日本版のバイ・ドール法が整備されたが、それまでは、科学研究費補助金など政府資金による研究開発から生まれた特許は国が所有することになっていた。新村氏は「この法整備で、大学が特許権を活用する下地がやっとできた」と振り返る。

その後、大学発ベンチャー設立数は右肩上がりで増え、〇四年度には目標の一〇〇〇社を突破したが、新規設立は〇四、〇五年度の二五二社をピークに減少。〇八年のリーマン・ショックも停滞に拍車をかけ、一〇年度には四七社にまで落ち込んだ。多くのベンチャー企業は資金調達に苦労している。

ベンチャー企業は、基礎研究の成果を実用化するまでは利益が出せない。この長く苦しい期間は「死の谷」とも呼ばれる。ＶＣなどから資金を集め、この間をいかにしのぐかが、ベンチャー経営のカギを握るが、日本の大学発ベンチャーの中には、この「死の谷」を越えられないケースも多い。

新村氏は日本の大学発ベンチャーの低迷を次のように分析する。

「資金を持つ大企業がリスクをとらないため、ベンチャー企業に資金が回らない。また、大学発ベンチャーは大学教員を中心に起業されることが多いが、経営のプロではない大学教員だけでベンチャー企業を経営するのは、やはり難しいのではないか」

大学発ベンチャーの設立を支援するビヨンド・ネクスト・ベンチャーズ社の伊藤毅社長は、ベンチャー企業への投資が投資家から敬遠されてきた理由について、「特に医療や宇宙分野の技術開発には数十億円単位の投資が必要な上、技術動向がつかみにくく、将来の企業価値を見通すのが難しい」ことだとみる。それゆえ、「大学発ベンチャーには、研究者の他に経営や運営のプロなど、企業経営を支える人材が必要だ」。

大学発ベンチャーの設立数の推移 ※文部科学省の資料から

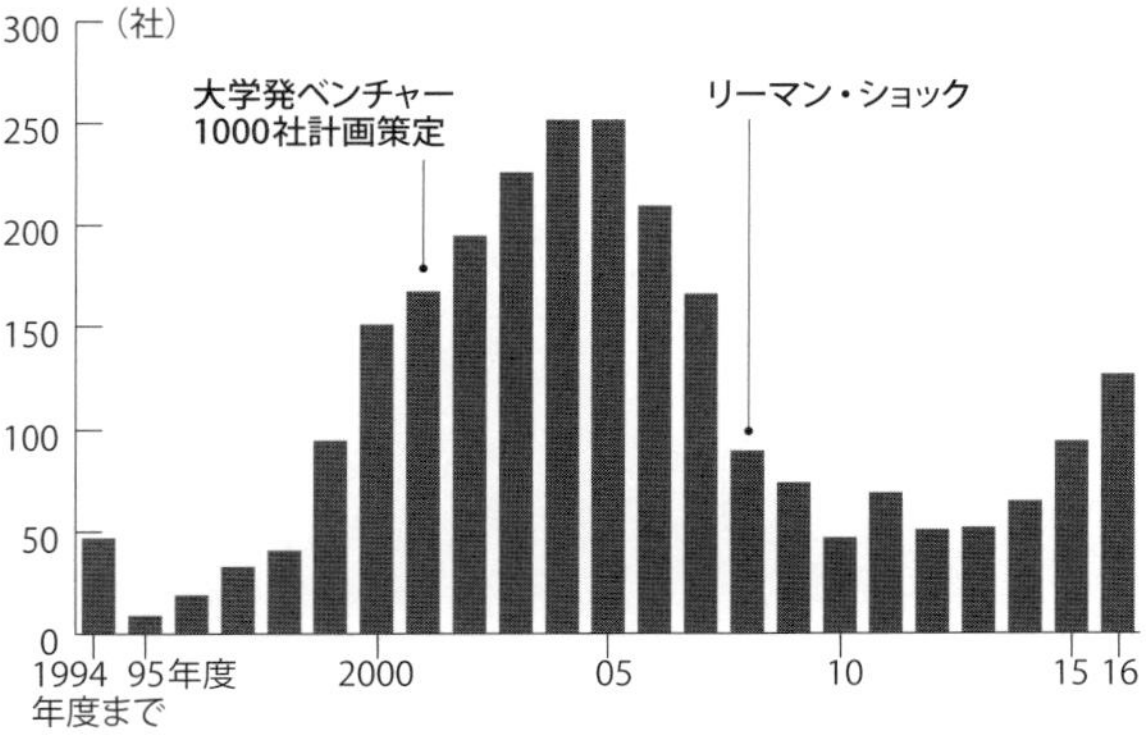

　ただ、状況は徐々に改善している。一七年一月の東証マザーズ時価総額ランキングでは、上位五社のうち大学発ベンチャーが三社を占めた。こうした成功例に刺激を受け、近年の設立数は再び増加傾向にある。新村氏は「最近は大企業も外にシーズ（研究開発の種）を求めるようになった。大学発ベンチャーの数は今後も増えていくと思う」と予想する。

　一七年から大学発ベンチャーへの出資を始めたという東京都内のあるＶＣは「日本の大学の研究者は優秀

なので、より早く技術が実用化されるように支援したい」と意気込む。

リーマン・ショック後、国や関係者の努力によって大学発ベンチャーの設立数は上昇に転じたが、一方で専門家や投資会社は別の問題を懸念しているという。

その問題とは「シーズの枯渇」だ。伊藤氏はこう語る。

「大学発ベンチャーの強みは基礎研究から生まれた独創的な成果だが、最近は短期的な成果を求める政策が増えた。このままでは、他では出てこないような研究成果を出すことが難しくなる」

変わる企業の研究開発

「経営資源に限りがある中、研究開発についても、モノのサイエンスを扱う中央研究所的な領域から、別の新しい領域にシフトしていかねばならない」

一八年一一月、首相官邸の斜向かいにある中央合同庁舎八号館で開かれた政府の総合科学技術・イノベーション会議の会合。議員で経済同友会代表幹事の小林喜光氏がこう訴えると、「今までの延長線上でやっていてはだめだ」（橋本和仁・物質・材料研究機構理事長）などと、他の議員からも同調する意見が相次いだ。

小林氏は「ノーベル賞を極端にありがたがるのは、日本人の遅れた発想だ」と述べ、これまでの政府の科学技術政策を「基礎研究偏重」とも批判した。

三菱ケミカルホールディングス会長も務める小林氏は、博士号を持つ研究者から経済団体トップに上り詰めた異色の経歴を持つ。研究と経営の双方を知る小林氏の主張は、企業の研究開発の「転換」を強くうかがわせた。

日本企業の研究開発はどう変わったのか。取材班は一八年一〇～一一月、研究開発費が多い主要五〇社にアンケートを実施し、三三社から回答を得た（回答率六六％）。各社の公表資料なども合わせて傾向を分析した。

近年、日本企業の業績が悪化する大きな原因になったのは、「一〇〇年に一度の経済危機」とも言われた〇八年のリーマン・ショックだ。それまで六年あまりの長期にわたって回復していた日本の景気が急落し、多くの企業がリストラや給与カット、事業の売却などを余儀なくされた。

そこで、リーマン・ショックの直前に当たる〇七年度とその一〇年後の一七年度で、各社が投じた研究開発費を比べてみると、一七年度の方が増えた企業が三四社あり、減った企業の一四社（二社は〇七年度に存在せず）を上回った。

増えた企業で目立ったのが、自動車関連会社と製薬会社だ。増加の理由については次のような回答があった。
「次世代車開発において投資する分野が拡大した」(日産自動車)
「主にエレクトロニクス産業や自動車産業の発展とグローバルベースでの市場拡大に伴い、これらの産業に必要とされる電子部品の市場も拡大した」(TDK、自動車の電子部品を製造)
「〇九年に米国企業を買収し米国市場に進出して以降、米国での研究開発投資が増加している」(大日本住友製薬)
自動車業界では近年、地球環境に配慮した燃料電池車や電気自動車などの開発が盛んだ。運転手不足や事故の抑制に効果が期待できる自動運転など、新しい分野への投資も広がっている。製薬会社も、高齢化社会の到来や医療の発展に伴って新薬の開発競争が激化し、グローバル化する欧米企業に対抗する必要に迫られている。研究開発費の増額には、こうした背景があることがうかがえる。
一方、減った企業には大手電機メーカーが並ぶ。
「半導体事業を移管し社会ソリューションなどに重点化している。戦略的に事業の選択と集中を行っている」(NEC)
「事業がハードからサービスにシフトしているため。サービスの領域では、新技術を開発する

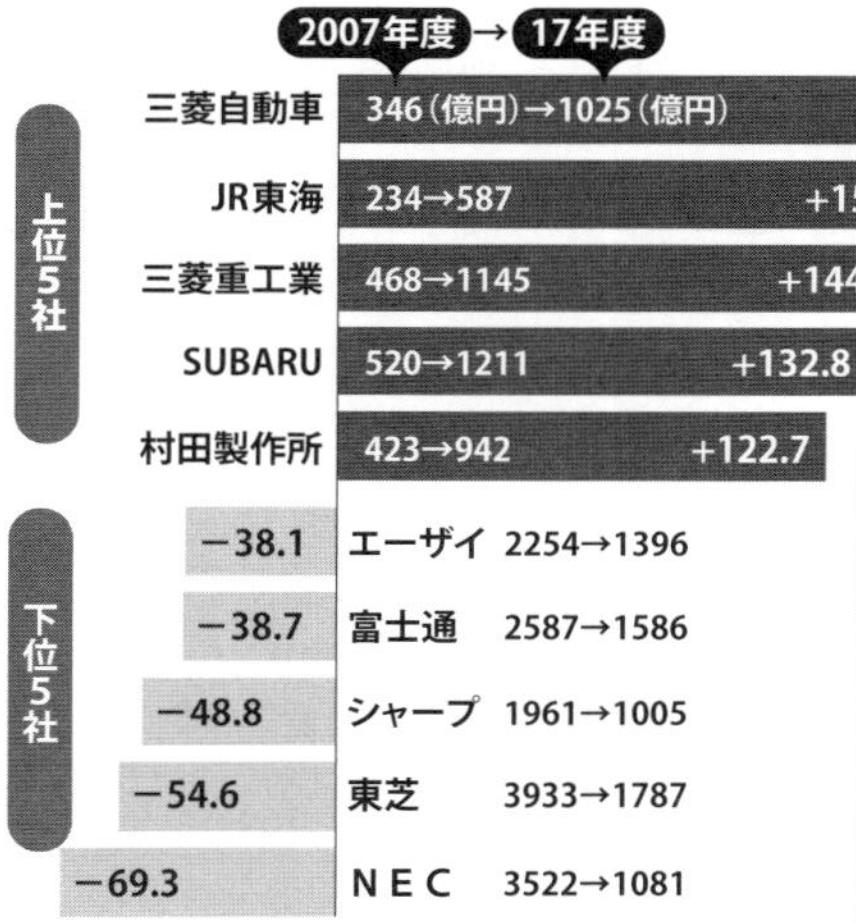

自動車業界では開発競争が激化している
＝福岡市のマリンメッセ福岡で

回答いただいた企業（50音順）
アイシン精機／ＮＥＣ／ＮＴＴドコモ／大塚ＨＤ／オリンパス／キヤノン／コニカミノルタ／コマツ／ＪＲ東海／シャープ／新日鉄住金／スズキ／大日本住友製薬／武田薬品工業／中外製薬／TDK／デンソー／東京エレクトロン／東芝／トヨタ自動車／豊田自動織機／ニコン／日産自動車／日立製作所／富士通／富士フイルムＨＤ／ブリヂストン／マツダ／三菱ケミカル／三菱電機／村田製作所／ヤマハ発動機／ルネサスエレクトロニクス（ＨＤはホールディングスの略）

というより、既存の技術をいかに組み合わせてお客様のニーズにあうサービスを仕立てるかについて試行錯誤している」（富士通）

「サービスの開発の割合が増加し、オープンイノベーションを進めたため」（コニカミノルタ）

中央研究所のような長期的視野に立った社内研究拠点について尋ねたところ、「維持している」と答えた社が一八社あったのに対し、「縮小した」「別会社などに再編」「閉鎖した」と答えた社も合計で八社あった。

一五年に「閉鎖した」と答えた建設機器メーカーのコマツは、「技術進歩の加速化、分野の拡大・細分化などの環境変化により、自社開発だけでは全てをまかないきれなくなったことが理由。自社にない技術は積極的に外部から取り入れていく方針とした」とその理由を回答した。
「再編した」という企業からは、
「自主に加え、大学との共同研究や委託研究を実施」（オリンパス）
「オープンイノベーション（大学との共同研究など）」（三菱ケミカル）——などの回答があり、それまで自社で担ってきた基礎的な研究開発を外部機関に委託していく傾向がうかがえる。
一方、「維持している」とした企業は、次のように答えた。
「研究開発型のグローバル製薬企業としてR＆D（研究開発）は不可欠」（武田薬品工業）
「研究開発は新たなイノベーションを生み出す原動力ととらえており、さまざまな研究分野で多様性に富んだ研究者を一堂に集めることで、研究者同士のシナジー（相乗効果）が得られイノベーションを起こしやすくなると考えているため」（日立製作所）
研究テーマをどう設定しているか、社内で最も多いケースを尋ねたところ、「研究者個人の発案によるボトムアップ型」が一二社、「会社本部の方針によるトップダウン型」が四社、「同等にある」「明確化が困難」などと回答した社が九社と、傾向が分かれた。
アンケートの回答から読み取れるのは、企業の研究開発が、「ものづくり」に代表される、すぐに利益には結びつかない長期的な基礎研究を縮小し、「サービス」のような、より短期的、応用的なものへと対象が移っている現状だ。研究開発を社内だけで行う「自前主義」を捨て、新しいノウハウを持つベンチャーや大学との産学連携で研究開発を行う「オープンイノベーション」も進んでいることがうかがえる。

藤村修三・東京工業大教授（イノベーション論）は「たとえば量子コンピューターのように、純粋な基礎研究は産業構造すら変える可能性を秘めているが、日本企業の研究はその逆を行っており、どんどん出口（商品化）に近くなっている」と指摘する。

日本企業はもともと基礎研究に強かったわけではない。かつての日本企業は、欧米の基礎研究に頼って利益を上げているという「基礎研究ただ乗り」批判を受けていた。一九八〇年代以降、企業が基礎研究に力を入れ出すと、論文数は急増し、世界的な成果も生まれた。しかし、経済状況の悪化が進むにつれ、研究開発体制の縮小が相次いだ。

日本が世界を席巻したエレクトロニクス産業もその一つだ。京都大教授の山口栄一氏（イノベーション理論）によれば、ＮＥＣやＮＴＴなど日本の大手九社の発表論文は、一九九〇年代後半に年間三五〇〇本を超えていたが、二〇一三年には二二〇〇本台にまで減ったという。その間、発表論文の著者の多くが所属していた企業を離れており、減少の原因は「研究者のリストラ」にあると、山口氏は分析する。

山口氏自身も九八年までＮＴＴ基礎研究所の研究員だった。「日本の大企業の研究者は世界のトップランナー」というのが当時の感覚だという。しかし研究所の規模が縮小され、多くの研究者が、大学への移籍や、営業や事業部などへの配置転換を余儀なくされた。研究テーマも限られ、「本当の基礎研究はできなくなったというのが現場の感覚だった」と振り返る。

山口氏は、研究者がリストラされた企業では、技術を見極める能力も失われ、それが業績全体に悪影響を及ぼしていると考えている。

「九〇年代後半に、企業が中央研究所を殺してしまった。それによって日本の科学が損なわれた。大企業はぜい肉を落とそうとして、脳みそを切り落としてしまった」

長い年月を費やしてやっと花開く研究もあるが、そうした技術の「種《シーズ》」や「芽」に気付き、じっくり育てることも、年々難しくなっているのだ。

富士通は六八年、基礎研究などを担うため、子会社として富士通研究所を創設した。佐々木繁社長は「研究者が自由な環境の中で世界最高峰の技術開発を行うために本社から独立させた。研究開発費の一〇％は、何になるか分からないものに使う」と説明する。

だが、富士通研究所に勤める中堅の男性研究員は「昔は一〇年くらいかけて一つの研究に打ち込めたが、今はそうはいかない」と打ち明ける。佐々木社長も「かつてない速度で社会が変化している。二～三年やって研究を続けるかどうかを判断する」と、研究のスパンが以前より短くなっていることを認める。

一方、企業の中には基礎研究を見直す機運もないわけではない。日立製作所は一一年の組織改編で消えた基礎研究所（埼玉県鳩山町）を、一五年に「基礎研究センタ」として復活させた。鈴木教洋・研究開発グループ長は「かなり出口を意識した研究に偏り過ぎていたと反省した。すぐに役立つ研究ばかりやっていてはだめだ、先を考えてじっくり取り組まなきゃいけない研究もあると方針を見直した。業績は回復傾向にある」と話す。

「オープンイノベーション」はなぜ進まないのか

自ら担ってきた基礎研究を縮小してきた企業は、その代わりに、ベンチャーや大学、研究機関といった外部の知を求めるようになった。

すなわち「オープンイノベーション」である。

総務省の「科学技術研究調査報告」によると、一六年度に日本企業が外部に支出した研究開発費は二兆三〇〇〇億円で、九九年度の一兆二〇〇〇億円からほぼ倍増した。これは、社内で使った研究開発費が約二五％しか増えていないのに比べ、はるかに急な増加だ。

国内よりも海外に支出が向かうケースも目立つ。外部への支出のうち海外の大学や企業が占める割合は、〇一年度の約一〇％に対し、一六年度は約二五％。支出総額でみても、〇一～一六年度にかけ、国内向けが一・三倍にしか増えていないのに対し、海外へは三倍以上に膨らんでいる。

取材班のアンケートで、海外の共同研究先を三つ選んでもらい集計すると、米国が一八、ドイツやフランスなどの欧州連合（ＥＵ）諸国も一八と拮抗《きっこう》した。一方で、中国やシンガポール、インドなどアジアを挙げる企業もあり、連携先は多様化している。

国内向けの研究開発費が伸びない背景には、日本の企業と大学による産学連携があまり進んでいない、という現状がある。文部科学省の資料によると、一六年度に日本の大学が企業との共同研究で得た研究費の総額は五二六億円に過ぎない。徐々に伸びてきているが、一件当たり三〇〇万円未満の契約が八割以上を占めるなど、規模の小ささが目立つ。米国では、企業との連携で年間一〇〇億円以上もの支出を受ける大学もある。

企業側にも言い分がある。なぜ国内の大学と連携しないのかを、米国の大学と連携した経験のある大手五～六社に文科省が聞き取り調査したところ、日本の大学には、企業と交渉や調整をする窓口が確立されていない、研究の進捗《しんちょく》管理に関する責任が曖昧で、企業側と協議せず成果を公開しているケースがある――などの課題が浮かんだという。

政府は、民間資金が大学やベンチャー企業の研究開発に流れやすくなるような政策誘導を始めている。文科省は一八年度から、公募で選んだ複数の大学を五年間集中的に支援し、企業などとの大型共同研究の調整を担う「オープンイノベーション機構」をそれぞれ整備させる。また、財務省は一九年度から、企業がベンチャーと共同研究をした際、法人税額の控除率を現行の二〇％から二五％に拡大する。

文科省産業連携・地域支援課の西條《にしじょう》正明課長は「国際的にみても、従来のような企業の自前主義の研究開発は資金、スピードの両面で難しく、大学側も基盤的経費が不足している。双方にとって、より本格的な産学連携が必要な時代だ」と強調する。

海外で近年、研究開発投資を増やしている企業には、米国のグーグルやアップルなどの巨大ＩＴ（情報技術）企業が目立つ。欧州委員会が分析した世界の研究開発費上位一〇社中、ＩＴ関連企業は、一二年版では米マイクロソフトなど三社だったが、一七年版ではグーグルの持株会社アルファベット、アップルなど六社が占めた。

一方で、日本企業の研究開発費はほぼ横ばいだ。経済産業省が一八年に公表した資料によると、日本の研究開発費の総額は、〇七年度には一九兆円近くまで達したが、〇九年度に一七兆円台に減少。その後は横ばいからやや上昇傾向で推移し、一四年度には〇七年度の水準まで回復したものの、一五年度以降は微減している。対国内総生産（ＧＤＰ）比率は、三％台後半で推移しているが、直近三年間は緩やかに減少している。

取材班の企業アンケートでは、国内の自動車業界が研究開発費を増やす傾向がみられた。だが、先端技術への投資戦略が専門の横山恭一郎・野村証券エクイティ・マーケット・ストラテジストは「日本の自動運転技術は海外に比べ遅れている」と指摘する。

自動運転技術で世界トップを走るのは、一見、車とは無縁そうなグーグルだ。子会社のウェイモは、自動運転の実証実験で集めた大量のデータを人工知能（ＡＩ）に学習・分析させ、技術の向上に役立てている。米カリフォルニア州で一七年、自動運転中に同乗者が危険を感じて運転に介入した回数を調べたところ、日産自動車は約三三〇キロに一回だったが、同社のソフトウエアを使用した車では約九〇〇〇キロに一回しかなく、技術の差が歴然となった。

グーグルは自動運転以外でも、一三年に量子人工知能研究所を設立したほか、人工知能（ＡＩ）を使った画像診断などの医療、エネルギー、脳科学など幅広い分野に投資する。横山氏は「グーグルにはさまざまな分野の専門家がいて、コミュニケーションを促進する環境がある。イノベーションは異なる知と知の組み合わせで生まれる。日本企業も縦割り型の研究開発から脱却する必要がある」と話す。

先端技術の動向調査が専門の城田真琴・野村総合研究所上級研究員は、日本企業の優秀な研究者の海外流出や技術の「目利き」不足を懸念する。

「中国のIT大手の百度《バイドゥ》などの主力研究者は、米国の巨大IT企業などを経験して戻った人だ。日本にも優秀な研究者が戻ってきてくれる仕組み作りが必要だ」

国の研究に「ただ乗り」する自動車業界

一八年一一月、横浜市緑区。企業敷地の一角を借りた慶応大の実験棟を、慶応大特任教授の飯田訓正《のりまさ》氏が案内してくれた。

中には自動車のガソリンエンジンを模したシリンダーの実験装置が二台あり、実物と同じようにガソリンで動く。うち一台は、内部の燃焼状態をレーザーで計測するため、シリンダーが透明な石英ガラスでできた特注品で、一つ五〇〇〇万円もする。

「床や壁は特別に防音・防振を施しています」

横浜市緑区のほか、京都市など計三カ所に同様の実験施設があり、それぞれガソリンエンジンとディーゼルエンジンの研究開発を進めている。これらを整備する費用は、ほぼ全額を内閣府の大型研究開発プロジェクト「戦略的イノベーション創造プログラム（SIP）」(注)の資金でまかなった。

飯田氏は「大学だけでこれほどの装置を買うのは不可能です。資金の問題だけではなく、ガソリンを貯蔵するための危険物を扱う許可も必要になります。大掛かりな燃焼実験をやるには、大学だけでやるのは難しい」と話した。

ＳＩＰは一一の研究課題を設定し、その課題に挑戦する研究プロジェクトに資金を提供している。飯田氏は、課題の一つ「革新的燃焼技術」に参加している。

「革新的燃焼技術」は、現在は四〇％弱にとどまっている自動車エンジンの熱効率を、五〇％に引き上げるのが目標だ。熱効率が上がれば、より低燃費の自動車を開発できるだけでなく、二酸化炭素の排出量も減るので、省エネや地球温暖化対策の効果が期待できる。

「革新的燃焼技術」の総責任者であるプログラムディレクター（ＰＤ）は、トヨタ自動車出身の杉山雅則氏が担う。その下に、自動車メーカー九社などでつくる「自動車用内燃機関技術研究組合（ＡＩＣＥ）」と、慶応大や東工大など約八〇大学が参加し、共同研究体制を組む。ＡＩＣＥから約一〇〇人、大学からは約八〇〇人のスタッフが参加するという一大プロジェクトだ。大学側のメンバーには学生も多く、卒業後には自動車メーカーに就職するケースもある。

「大変ありがたい」。一八年一〇月に東京都内であったＡＩＣＥ主催のフォーラムでは、ＳＩＰ事業に対する期待や感謝の声が、自動車メーカーから相次いだ。このプロジェクトは、一九年三月の事業満期までに、ガソリンエンジンで五一・五％、ディーゼルエンジンで五〇・一％と、どちらのエンジンの熱効率も、目標の五〇％を超える成果を達成した。

「SIPの資金で、老朽化した大学の研究機器を最新のものに置き換え、新たな研究の基盤をつくった。優れた人材の育成にもつながる」。杉山氏は共同研究の意義をこう強調する。

ライバルメーカー同士がお互いに協力することで、環境に優しい新技術を開発できる。研究費不足に苦しむ大学側にもメリットがある。一見、理想的な産学連携に見える。

だが、財務省がこの事業を問題視している。その理由は「官民負担の偏り」だ。

内閣府がこの事業に投じた公費は五年間で九四億円に上る。それに対し、自動車メーカー九社などでつくるAICEが出した資金は一一億円余りに過ぎない。しかも研究成果は事業終了後、主にAICEが引き継いでおり、自動車メーカー各社のエンジン開発に生かされる。公費を投入するが、民間の商品化を前提にした研究開発プロジェクトであるため、「公費による業界支援策」の性格が強い。

自動車メーカーの一六年度の経常利益は計約五兆円もある。自動車メーカーはこの利益を各自の研究開発に投じており、一七年度の国内企業の研究開発費トップ三はいずれも自動車メーカーだ。

しかも、研究開発費を投じた企業には法人税の減免措置がある。自動車メーカー九社を合計すると、一七年度で計約二〇〇〇億円もの減税を受けた。これは国内企業全社の減税額全てを合わせた額のうち、約三割を占める額である。

「本来民間が負担すべき範囲まで、国が肩代わりしていないか」

財務省の諮問機関、財政制度等審議会は一八年一一月、一九年度の当初予算編成に関する意見書で、この事業を名指しで批判した。

なぜ自動車業界は自前で研究資金を出さないのか。

日産からＡＩＣＥに参加している、運営委員長の木村修二氏は「実用化に近いといっても、実際に自動車に載せるまで一〇～一五年はかかる。メーカーの優先順位からすれば下の方だ。メーカーが単独でそこまで長期的な投資を続けるのは難しい」と話す。

だが、財政制度に詳しい佐藤主光《もとひろ》・一橋大教授（財政学）はこう批判する。「国が担うのは社会的波及効果が広い基礎研究に限るべきで、実用化に近いものは企業が出すのが本来の官民負担のあり方だ。ＳＩＰでは、充てるべきでないところに税金が使われ、基礎研究にお金が回っていない。税金の使い方として本末転倒だ」

ＳＩＰについては、内閣府がテーマやその責任者のプログラムディレクターを恣意的《しいてき》に選んでおり、巨額の投資に見合った成果が得られていない、との批判もある。これについては「選択と集中」の問題点を扱う第二章で詳述する。

（注）**戦略的イノベーション創造プログラム（SIP）**　内閣府が一四年度に始めた大型研究開発プロジェクト。第一期は五年で一五八〇億円を投じ、自動運転技術など一一課題を実施した。政府の総合科学技術・イノベーション会議が司令塔になり、省庁の枠を超え、基礎研究から事業化までを見通して開発に取り組み、イノベーションを起こすことを目指す。プログラムディレクター（PD）と呼ばれる責任者を置き、具体的な研究計画や予算配分を任せるのが特徴だ。

次世代太陽電池の「ドーナツ化」

「技術顧問になってほしい」。一八年一一月、中国・上海を訪れていた宮坂力《つとむ》・桐蔭横浜大特任教授（光電気化学）に、中国企業から声がかかった。宮坂氏は〇九年、次世代太陽電池として期待され、世界的に開発競争が激化している「ペロブスカイト太陽電池」を開発した人物だ。宮坂氏の研究室に留学し、その後、中国に戻った研究者の紹介だった。

ペロブスカイト太陽電池は、現在主流のケイ素系太陽電池に発電効率が近い上に安価で、塗料のように塗って使える利点がある。発表当初の発電効率は三・九％に過ぎず、当時でも二〇％超だったケイ素系に見劣りしたため注目されなかったが、一二年に一〇％を超えるとにわかに研究競争が激化。今では発電効率が二〇％を超え、ケイ素系に近づいている。宮坂氏の論文の引用件数は一気に増え、米情報会社はノーベル賞候補に名を挙げた。

宮坂氏に声をかけた中国企業はドローンを開発しており、ペロブスカイト太陽電池を機体に塗ることで滞空時間の延長を目指していると説明し、現在宮坂氏が得ている額の一〇倍以上に当たる年間数億円の研究費を提示したという。

宮坂氏は実用化を目指し、国内でパートナー企業を探したが、なかなか見つけられずにいる。「日本で生まれた新材料だから、日本で育てたい」と考えているが、中国企業を現地視察して「実用化に向けた本気度がうかがえた」と、気持ちが揺れているという。

ペロブスカイト太陽電池は日本発の技術だが、意外にも日本での研究開発は低調で、海外の研究の方が盛んな「ドーナツ化」の状況になっている。オランダの学術情報大手エルゼビアの分析によると、一三〜一七年の関連する総論文数六九九五本の内訳は、中国が三八％、米国二二％に対し、日本はわずか七％。宮坂氏は「この分野の日本の研究者は多くて一〇〇人。中国にはその一〇〇倍はいるだろう。ペロブスカイト太陽電池を特集した専門誌三〇〇〇部が中国で一瞬で完売したと聞いた」と話す。共同研究などを持ちかけてくる企業も海外が中心だという。

ペロブスカイト太陽電池のように、国際的に注目を集める新興分野に各国がどのくらい参画しているのかを文部科学省科学技術・学術政策研究所が分析したところ、八九五（一六年）の研究領域のうち日本が参画していたのは三三％で、米日英独中の主要五カ国で最低だった。〇二年の三八％より低下しており、日本の存在感が薄まっている状況が浮かぶ。

一方、米国は〇二年より下がったものの九〇％と高水準を保つ。英国（六三％）、ドイツ（五六％）、中国（五一％）は右肩上がりで、特にナノテクや人工知能（ＡＩ）など新しい領域で中国の伸長が著しい。

さらに、他の研究や過去の研究との関連性が小さい独創的な研究領域で、日本の弱さが目立つという。こうした新しい領域は研究の多様性を担うとともに、「イノベーションの種」にもなり得る。同研究所の伊神正貫・研究室長は「日本の研究は一時的な流行を追う傾向が強く、挑戦的、探索的な研究が減っている」と分析する。

宮坂氏は「海外では新分野が生まれたとき、学会や会議の発足が迅速だ。一方、日本は既存の学会の〝その他の領域〟に押し込められ、分野横断の議論が進まない」と話す。

ＧＡＦＡが経済研究者を引き抜く理由

「待遇は良いし、この会社が経済学者をたくさん雇って何をしているんだろう、という興味もあった」

一七年、アジアの大学からある巨大ＩＴ企業の日本支社に引き抜かれた四〇代の日本人研究者は、移籍の理由をそう語った。企業からは「知り合いの伝手《つて》」で誘いがあったという。この研究者の専門は「ミクロ経済学」。経済の最小単位である個々の消費者や生産者がどのような経済行動をとるかを研究する学問だ。現在の具体的な仕事内容を聞くと、「明かせないが、すごく面白いですよ」と笑顔を見せた。

米国のグーグルやアップル、フェイスブック、アマゾン・コムの頭文字をとった「GAFA《ガーファ》」や中国のアリババをはじめとする大手IT企業が近年、こぞって経済学者を雇用している。著名な経済学者のスーザン・エイシー米スタンフォード大教授らの一八年九月の論考によると、たとえばアマゾンは過去五年間だけで一五〇人以上を新たに雇用した。「博士号を持つ経済学者がテクノロジー企業でますます中心的な役割を果たすようになった」(論考より)。エイシー教授自身も米マイクロソフトのチーフエコノミストを務める。

IT企業のミクロ経済学への関心を一気に高めたのは、グーグルのオンライン広告だ。同社は利用者の膨大な検索データを分析し、個人が閲覧するウェブサイトに時々刻々と広告を自動表示している。広告のクリック数に応じてスポンサー料が決まり、サイトの運営者に支払われるが、一部が仲介手数料としてグーグルの収入となる仕組みだ。広告主は入札で決まるが、その際に「ゲーム理論」というミクロ経済学の主要分野が応用されている。

一九九八年に設立されたグーグルが瞬く間に巨大企業に成長を遂げたのは、この仕組みによる収益のおかげだった。松島斉《ひとし》・東京大教授（理論経済学）は「グーグル・インパクトは、従来の『ものづくり』から産業構造とビジネス戦略を一変させた」と話す。これ以降、ビッグデータを解析して市場を理解し、動向を予測する実証的な研究が活発化し、企業が大学の第一線の経済学者を高い報酬で引き抜く事例も増えた。

ただし、これはあくまで海外企業の話だ。「日本企業にはそういう気配が全くない」と、冒頭の研究者は指摘する。こうした異分野融合はイノベーションのカギだが、従来、日本は苦手としてきた。政府はようやく重い腰を上げ、人文・社会科学も含めて科学技術政策を推進する方向になった。松島氏は「日本の経営者は、新しい研究の知見をビジネスに生かすという意識が極端に低い。日本の没落はそこに起因するのではないか」と語る。

研究力を低下させる「就活」

日本企業の「新卒一括採用」の慣習が、人材育成の面でも影を落としている。理工系では学部卒業生の四割前後が修士課程に進むが、研究経験を十分に積む前に就職活動が始まるため、学生自身が専門性を十分にアピールできない上に、研究や教育に支障が出ている。

「就活中は研究の効率が下がった。気持ちも落ち着かず、精神的にも研究に専念できなかった」。関東地方の国立大大学院で化学系の研究室に所属し、修士課程を終えた一九年春に就職した男性（二四）はそう振り返る。一八年三月に就活を開始し、研究に影響が出ないよう、八社に絞ってエントリーした。研究室にも継続的に通ったが、説明会や面接で実験のスケジュールが狂うことがたびたびあった。一八年六月初旬に内定を得るまで、不安な日々が続いた。

専門職として採用選考を受けるにもかかわらず、まだ修士論文がないため、自身の適性を客観的に説明できる材料が乏しいことに疑問も覚えた。「研究能力を示す〝武器〟が何もない。せっかく大学院に進んだのに、そのメリットがほとんどないと感じた」と打ち明ける。

「面接で大学院での研究に関する質問もあったが、せいぜい熱意を伝えるくらいしかできなかった」。同じ研究室の別の男子学生（二五）もそう話す。就活は約二カ月と比較的短期間で終えたが、修士論文執筆中、「あと一〜二カ月研究に使えていたらもっと研究成果を出せていたのに」という思いが頭をよぎったという。

旧七帝大と東京工業大の工学部で構成する社団法人「八大学工学系連合会」は一八年秋、一九年春就職予定の修士課程の学生を対象に、就活に関するアンケートを実施し、六四四人から回答を得た。経団連の指針による「就活ルール」では、企業は修士が卒業する前年の三月に採用に向けた広報を開始する決まりだ。ところがアンケートでは、就活をいつ始めたかという問いに六二％が「一月以前」と回答した。ちなみに、企業を対象とした文部科学省の調査ではわずか一・八％で、学生側の実体験とは大きく乖離《かいり》している。

連合会アンケートの回答者のうち七割が四カ月以上を就活に費やしており、そのうち「九～一二カ月未満」「一二カ月以上」が計一二％と、就活が長期化している実態が浮かんだ。企業の仕事を短期間経験するインターンシップも七割が経験しており、「三回以上」が四割を占めた。一回当たりの平均日数で最も多いのは「二～五日」（三九％）で、「六～一〇日」「一一日以上」が各一九％だった。

国際的に注目されるバイオベンチャー「ペプチドリーム」の共同創業者、菅裕明・東京大教授は「指導教授の薦める企業に就職することがほとんどだった昔の理工系の大学院生と違い、今の学生はようやく研究が本格化してくる時期に就活で膨大な時間を取られる。学生は研究者としての力量を身につけられず、研究室としても実験の担い手が減って研究力が低下する」と危惧する。

菅氏が提案するのは、修士論文の提出と評価を修士二年の一二月に終わらせ、残りの三カ月間を就活に充てるという抜本的な改革だ。「学生はやり遂げた研究の意義や成果を企業に説明でき、企業も学生の研究力を総合的に評価した上で採用できるので、双方にメリットがある」（菅氏）

東大大学院工学系研究科長を務める大久保達也教授は「人材発掘・育成競争が世界中で活発

になっている一方で、日本では学生が就活に長い時間を費やさなければならず、研究を頑張る学生が必ずしも企業側の選考で評価されない。イノベーションがなかなか起きず、画期的な研究成果も出にくくなっている現状の足元には、就活の問題があるのではないか」と指摘する。

インタビュー

「ノーベル賞追求は不要」

――小林喜光・経済同友会代表幹事

――日本企業は長期的な研究ができなくなっているという指摘があります。

かつての企業の中央研究所は「モノ」の研究が主流だった。しかし今は、モノからコト、ココロへターゲットが移っている。従来の中央研究所はどんどん重箱の隅をつつくような研究になっている。

――最近のノーベル賞受賞者の多くが、基礎研究への投資が足りないと批判します。

僕の考えは逆だ。日本はノーベル賞をたくさん取ってきたが、経済もビジネスも負けている。光ディスクやリチウムイオン電池、みんな日本人が先行した発明なのに、ビジネスの勝者は海外だ。かつての自然科学にこだわっていることが一番間違っている。今の企業時価総額上位のＧＡＦＡ（米国のグーグル、アップル、フェイスブック、アマゾン・コム）、中国のアリババやテンセントは誰もノーベル賞を取っていない。学術界は自由に研究すればいいが、それを企業の中心に据えたから日本経済がダメになった。

――では、どういう研究を重視すべきですか？

たとえば自動運転では、クルマを作ってきたトヨタが人工知能（ＡＩ）を使い、グーグルはＡＩで逆にリアルの世界に攻めてくる。その戦いだ。日本がもともと強い物理学や化学、エレクトロニクスの分野に、ＡＩやビッグデータを融合させる。そこに日本の生き残る道がある。

――大学にはどういうことを求めますか？

縦割りがまだ残り、研究がサイロ化（他の分野と連携がなく孤立化）している。これに横串を刺してオープンイノベーション化することが重要だ。人文・社会科学と自然科学が融合し、人間とは何か、社会とは何かといった課題が重要になってきている。さらに世の中には解決すべき大きな問題が残っている。エネルギー・環境問題、脳やDNAなどヒトのサイエンス、光量子コンピューティング。そうした分野に焦点を当てた基礎研究をやっていくべきだ。カビが生えたような研究をしている大学教授をどうするかだ。何でもやろうとするのは、もう無理だ。

――今の日本企業に若者が希望を持てますか？

昨年の内閣府の世論調査で、現状に満足している国民が七四・七％もいる。そんな高い数字が出ることが異常だ。高みを目指して頑張っていない。危機感の欠如だ。平成の三〇年間で「日本は敗北した」という認識から始めないといけない。世界と互角に戦っていくためには、若者はもっと怒り狂わないと。本当に大事なのは心の問題、ガッツの問題なんだよ。

こばやし・よしみつ　三菱ケミカルホールディングス会長。東京大大学院修士課程修了。三菱化学社長、政府の経済財政諮問会議議員などを歴任。一九年四月まで経済同友会代表幹事。理学博士。

インタビュー

「科学者に政策を、ベンチャー企業に投資を」

――山口栄一・京都大教授

――日本企業から、革新的な技術が生まれなくなっています。なぜでしょうか？

九〇年代後半、企業が中央研究所を次々と閉鎖・縮小し、優秀な研究者を次々とリストラしたのが原因だ。研究所を残した企業も、力を入れるのは既存の技術を伸ばすことで、未来の産業を作る方向には向かわなかった。原因の一つは株主価値優遇の経営だ。製品化に結びつくかどうか分からない研究にはリスクがある。基礎研究に投じるお金は投資ではなくコストと見なされ、大企業はリスクを取ることができなくなった。

――現状打破の処方箋はありますか？

大学の最先端の知から出発するベンチャー企業に期待するしかない。米国では、理系の大学院生や研究者をベンチャー起業家に育てるＳＢＩＲ（スモール・ビジネス・イノベーション・リサーチ）制度が奏功している。ベンチャーはだいたい資金不足でダメになるが、公的資金で支える制度だ。たとえば「超高温で動く半導体素子の開発」など挑戦的なテーマを設定し、若手科学者に手を挙げさせて支援する。この制度で最先端研究と市場が結びつき、六万人以上の科学者の起業家が生まれた。画期的な薬を開発したベンチャーも現れた。

――日本でも実現できますか？

米国をまねて同じ名前の制度を作ったが、日本では単なる中小企業支援制度になっている。米国の制度で重要な役割を果たしているのが、テーマを設定する科学行政官だ。博士号を持ち、研究者と同レベルの最先端の知識がある。さまざまな分野を俯瞰《ふかん》し、どんな技術が将来の産業に結びつくか目利きができる。だからこそ、専門的で具体的、そして未来の産業につながるテーマを設定できる。科学行政官がいないのは、先進国では日本だけと言っていい。非科学者が科学技術イノベーション政策を担当している奇妙な国だ。日本も科学行政官制度を導入すべきだ。

――大企業にできることは？

資本を投下してベンチャー企業を支援すべきだ。大企業に残っている研究者が最新技術の情報を収集し、どのベンチャーが優れているのか目利きをすることはできるはずだ。水面下にどんな技術があるのかを知ることができるのは研究者だけだ。ライバルのベンチャー同士をつなぎ、技術を統合することもできる。有望なベンチャーがあれば買収するなりして、その技術を自社で生かせばいい。中国企業は盛んに日本のベンチャーを買収しようとしている。ベンチャー企業は宝の山だ。

やまぐち・えいいち　東京大大学院修了。ＮＴＴ基礎研究所主幹研究員、同志社大教授などを歴任。専門はイノベーション理論、物性物理学。理学博士。

第二章
「選択と集中」でゆがむ大学

第一章では、凋落する日本企業の研究開発の現状を追った。

第二章では主に、大学などのアカデミアでの研究の現場を取り上げる。

かつて日本が誇った科学技術力を再び取り戻そうと、政府が推し進めるのが公的研究資金の「選択と集中」である。成果が見込めそうな特定分野にトップダウンで資金を重点的に配分し、投資の「費用対効果」を上げるのが狙いだ。だが、果たして功を奏しているのだろうか。

まずは、選択と集中がもたらす「闇」の問題を見ていこう。

内閣府主導プロジェクトで「やらせ公募」

「事前に『内定』応募仕込む　内閣府の公募研究」――。

二〇一八年五月八日、毎日新聞東京本社版の一面トップに、取材班によるスクープが掲載された。第一章でも取り上げた「戦略的イノベーション創造プログラム（SIP）」を巡る疑惑を暴いた内容だった。

SIPは、政府の科学技術の司令塔である総合科学技術・イノベーション会議（議長・安倍晋三首相）が一四年に始めた大型研究開発プロジェクトだ。自動運転技術など、同会議が「重要」と判断して選定した一一課題に、一四～一八年度の五カ年で総額一五八〇億円を投資している。各課題の責任者である「プログラムディレクター」の下で、基礎研究から実用化までをにらんだ開発を進めるのが特徴だ。

「第一期」SIPの後継として、一八年度から「第二期」を行うことが、この時すでに決定していた。「エネルギー・環境」「防災・減災」「健康・医療」などの一二課題を、第一期と同じ五カ年で実施する計画だ。

総合科学技術・イノベーション会議の事務局を務める内閣府は、一二人のプログラムディレクターを「公平に選ぶ」と説明し、一八年三月に公募を始めた。公平性を期すため、公募の要項には、課題の概要を一〇〇字程度で短く記しただけで、具体的にどういう事業をするかは、応募者自身に記述させるようにしていた。

審査の結果、「適任者がいない」として再公募となった一課題を除く一一課題のプログラムディレクターが、公募開始からわずか一カ月後の四月一二日に決まった。

ところが、実は内閣府は公募を始める前の一七年一二月から一八年一月にかけ、関係省庁と協議し、全一二課題の詳細な内容や、参加する企業や研究機関、目標とする成果、さらにはプログラムディレクターの候補者までの全てを事前に決めていた。

さらに、公募前にこうした事前協議の内容を詳しく解説した資料を内定済み候補者だけに提供し、応募を促していた。事前に全ての内容を知り得ていた内定済み候補者と、ゼロから研究開発計画を作り上げなければならない他の応募者では、審査を受ける状況が天と地ほども違う。仮に内定済み候補者以外が応募しても、審査で勝つのは難しかったとみられる。

実際、プログラムディレクター一二人に対し、応募したのは一五人にとどまった。うち九課題では、内定済み候補者一人だけが応募し、競争がないままの「一者応札」になった。内定済み候補者以外でプログラムディレクターに選ばれたのは、たった一人だけだ。

内閣府の生川《いくかわ》浩史官房審議官は、取材に事実関係を認め、こう釈明した。

「補正予算で急きょ事業継続が決まり、プログラムディレクターを選ぶ時間が限られていたため、（事前選定と公募を併用する）ハイブリッドのやり方をした。手続きに瑕疵《かし》があるとは思っていない」

第二期SIPは、五カ年の総額で一五〇〇億円規模になるとみられる大型研究開発プロジェクトだ。プログラムディレクターは、具体的な研究開発計画の立案や参加機関への予算配分など、大きな権限を持つ。そんな巨大プロジェクトで、なぜこんな出来レースがまかり通ったのか。その背景には、安倍晋三政権が打ち出した、ある公約との深い関係があった。

「何か目玉はないか」。一七年秋、茂木《もてぎ》敏充・経済再生担当相の周辺から、内閣府幹部にこんな打診があった。

経済再生担当相は、経済政策や成長戦略を担当する安倍政権の重要ポストである。成長戦略の新たな「柱」として安倍首相が一七年秋の衆院選の公約に掲げた「生産性革命」というスローガンは、茂木氏が取りまとめていた。そこに盛り込む事業を探していたのだ。

この内閣府幹部は、さっそく腹案を伝えたという。

「SIPの前倒しという手があります」

SIPは「出口」である将来の実用化を重視した研究開発事業だ。「革新的な技術を導入する企業を後押しする」とうたう生産性革命と重なる部分が多い。茂木氏周辺はこの案に乗った。一七年一二月に閣議決定された「新しい経済政策パッケージ」では、「第二期SIP」の関連予算を一七年度補正予算案に盛り込む方針が決まった。第一期SIPは一八年度末で終了する。あえて一七年度中に予算措置をしたのは、第一期の終了を待たずに「第二期SIPを一八年度初めから実施せよ」という安倍政権の強いメッセージである。

そもそも、当初の方針では、第一期SIPが終わる一八年度にそれまでの実績を検証し、その結果を踏まえ、一九年度に第二期SIPを始めるかどうかを検討するはずだった。しかし、茂木氏周辺のトップダウン的な介入によって方針が覆り、SIPは第一期の検証を待たずに前倒しで継続することが決まったのである。

この予想外の「前倒し」が、その後の工程をゆがめてしまう。

一七年度補正予算案には第二期ＳＩＰの一八年度分として三二五億円が盛り込まれ、一八年二月に成立した。予算を早期に執行したい内閣府は、続く三月には一二課題のプログラムディレクターの公募を始めた。補正予算の通過から間もないだけでなく、プログラムディレクターの公募自体もわずか二週間という、異例の短期間である。

取材班は、公募の裏側で行われていた「やらせ公募」の実態を示す内部資料を入手した。

一二課題の一つ、「健康・医療」分野では、病院にＡＩを導入し、先進的な医療サービスを目指す「ＡＩホスピタル」の実用化がテーマとなっていた。

取材班が入手した資料や関係者への取材によると、内閣府は一七年一二月から一八年一月にかけて、この課題に関係する厚生労働、経済産業、文部科学の三省と協議しながら、ＡＩホスピタルの事業計画を練った。一八年三月にプログラムディレクターを公募する前の時点で、事業の内容は詳細まで詰められていた。

入手した資料では「理想的なＡＩホスピタルの実証フィールド」として千葉県柏市を挙げ、厚労省所管の国立がん研究センター東病院、経産省所管の産業技術総合研究所、文科省所管の東京大、という具体的な参画研究機関名も記していた。いずれも柏市に拠点を持つ機関ばかりで、柏市一帯を予定地にしていたことが分かる。

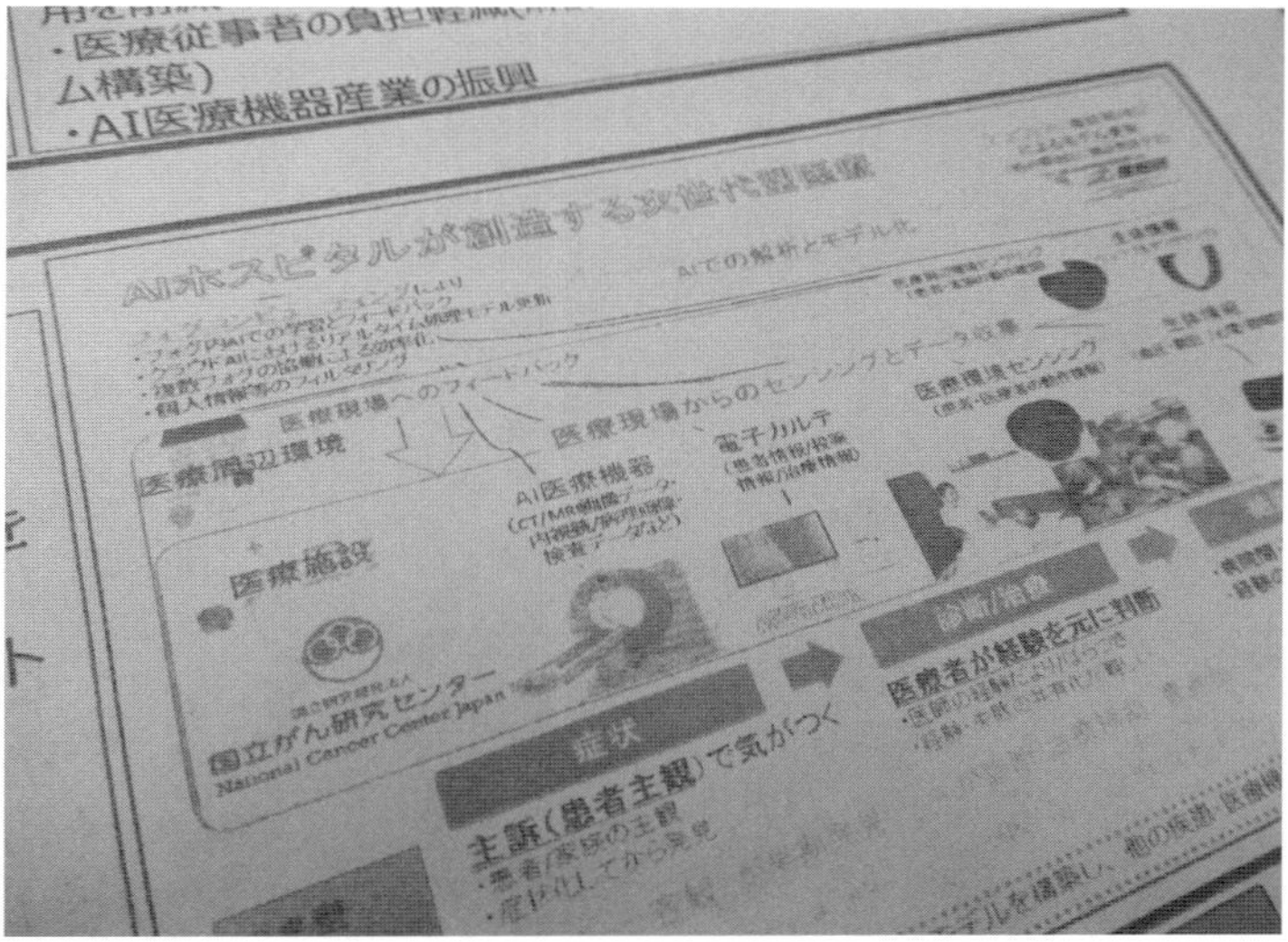

公募開始前に内閣府が作成していた資料。「国立がん研究センター」など想定される参加機関名も明示していた＝2018年５月２日、根岸基弘撮影

日立製作所や富士通など一五社や、柏市の参加も想定しており、「五年間で一六四億円」という予算の試算も示されている。

具体的な事業内容や出口戦略についても詳細な記述があった。

「診断・治療サポートの迅速化、高度化に資する医療機器の開発」（例：眼球運動×脳波などのセンシング）

「医療現場のリソース管理の高度化システム」（例：患者動作状態センシング×投薬履歴→入院患者の転倒・転落事故防止技術実装）

「ＩｏＴ（モノにつなぐインターネット）化医療機器の開発」（例：患者・医

療者の動作状態×呼吸・脈拍などの生体センシング×医療記録→緩和ケア患者での医療介入タイミング予測プログラム実装）

――などだ。

関係者によると、厚労省はこの計画を基に、立命館大教授（当時）にプログラムディレクターへの就任を打診していた。本人も受諾し、厚労省などが描いた計画の通りに公募に応じた。

しかし、思わぬ番狂わせが生じた。このプロジェクトに、「ゲノム医療」の世界的研究者である中村祐輔・米シカゴ大教授も応募したのだ。内閣府関係者によると「中村教授の方が、計画もプレゼンテーションもはるかに優れていた」という。審査の結果、立命館大教授ではなく、中村氏が選ばれた。

内閣府は取材に対し、一二課題全てで、関係省庁と内閣府が詳しい研究開発内容やプログラムディレクターの候補者を公募前に協議して決め、根回しをしていたことを認めている。内定済み候補者で実際に選ばれた顔ぶれをみると、第一期ＳＩＰでもプログラムディレクターを務めた岸輝雄・外務大臣科学技術顧問（物質・材料研究機構名誉顧問）や後藤厚宏・情報セキュリティ大学院大学長のほか、安西祐一郎・元慶応義塾塾長ら、政府機関や審議会の要職を務めた業界の「大御所」ばかりが並ぶ。

内定済み候補者以外で選ばれたのは、先述した「健康・医療」分野における中村教授だけだった。内定済み候補者だった立命館大の元教授も中村氏も、取材班の取材には応じていない。

第二期ＳＩＰの「やらせ公募」は、国会にも波及した。日本維新の会の高木かおり参議院議員や、日本共産党の田村智子参議院議員が、国会の参議院内閣委員会でこの問題をそれぞれ追及したのだ。

松山政司・科学技術政策担当相は次のように説明している。

「各省庁から推薦があった人（内定済み候補者）が選ばれているのは事実だが、公正に選んだ結果だ。補正予算で時間がなかったが、やり方をより工夫できればよかった」

内閣府は、一二課題のうち唯一、再公募していた「光・量子技術基盤」のプログラムディレクターを西田直人・東芝元執行役専務に決めたと一八年六月に発表した。

再公募に当たり内閣府は、公募期間を五日延ばして二〇日間とし、一転して課題の具体的な情報を公募要項で公表した。また、関係学会にも課題の内容を説明して応募を呼びかけた。その結果、五人から応募があり、当初の内定済み候補者ではなかった西田氏が選ばれた。内閣府の生川官房審議官は「さまざまな指摘を踏まえて（選考方法を）見直した」と説明している。

そもそも科学技術は、研究機関や企業に所属する研究者の自由な発想から生まれ、研究者間のフェアな競争によって発展していくものだ。「出来レース」の公募はあまりに公平性に欠ける。また、ＳＩＰを指揮するプログラムディレクターは、その研究プロジェクトの成否を分ける存在と言ってもいい。各省庁が事前に決めた人材ばかりが就任すれば、研究開発はプログラムディレクターの能力よりも各省庁の思惑にむしろ左右され、本当の意味でのイノベーションは起きにくくなる。

さらにプログラムディレクターは、一事業当たり一〇〇億円を超える巨額の予算を配分する権限も持つ。第一章で触れたように、民間企業も参加するＳＩＰには、自動車業界など特定業界の研究開発費を国が肩代わりするための事業だ、という批判も根強い。その予算を握る人物の選考は、特定業界との利益相反がないよう、公平性と透明性を持って進めるべきではないだろうか。

検証なきままの継続、という点でも疑問が残る。

第一期ＳＩＰで一五八〇億円という巨費を投じたからこそ、第二期ＳＩＰを始めるかどうかを決める前に、第一期の実績や費用対効果をきちんと検証するべきだったはずだ。

それが、安倍政権の「目玉づくり」のために前倒しされたことで、検証自体が行われなかった。それどころか、プログラムディレクターの十分な選考の時間がなくなり、出来レースという事態まで招いた。

「補正予算で事業の継続が急きょ決まった」（生川官房審議官）というのは説明になっておらず、極めてずさんな運用だったと言わざるを得ない。

膨張する内閣府の集中投資

科学技術政策が成長戦略の柱となっていることを踏まえ、内閣府が主導する大型研究開発プロジェクトは近年、膨張を続けている。

文科省の科学研究費補助金が研究者個人の関心に基づくボトムアップ型なのに対し、これらは実用化を重視したトップダウン型で、分野を絞って集中投資しているのが特徴だ。〇九年度に始めた「最先端研究開発支援プログラム（ＦＩＲＳＴ＝ファースト）」では、国内のトップ研究者三〇人に五年間で総額一〇〇〇億円を配分した。

さらに一四年度には、第一期ＳＩＰ、そして「革新的研究開発推進プログラム（ＩｍＰＡＣＴ＝インパクト）」の二本柱になった。インパクトも、五カ年で総額五五〇億円と規模は大きい。

ＳＩＰが着実な実用化を目指す一方、インパクトは、成功の可能性はより低いが実現すれば大きな果実をもたらす「ハイリスク・ハイインパクト」の研究成果を目指している。ただ、どちらの事業でも、社会にイノベーションを起こす目的が強調されており、研究のプロセスよりも成果を重んじる「出口志向」が強まっていると言える。

これらはまさに、財務省が言う「選択と集中」の代表例のような事業だ。

研究資金を「選択と集中」した結果、ハイインパクトの研究成果や、経済発展につながるイノベーションが起きれば、狙い通りの展開と言えるだろう。

だが、これら内閣府のプロジェクトで狙い通りの成果は出ておらず、その検証すら不十分なのが実情だ。

たとえば第一期ＳＩＰは、進捗《しんちょく》状況を議論する総合科学技術・イノベーション会議の会合や議事録のほとんどが非公開だ。この点でもＳＩＰは「情報公開が不足している」と批判を集めてきた。

もう一方の柱であるインパクトにおいても、出口を意識するあまりか成果を「誇大広告」するかのような例が相次いでいる。

「チョコレートを食べると脳が若返る可能性がある」。一七年一月、こんな研究発表が東京都内で行われた。

ＮＴＴデータ経営研究所ニューロマネジメント室長である山川義徳氏が責任者（プログラム

内閣府の大型研究開発プロジェクト

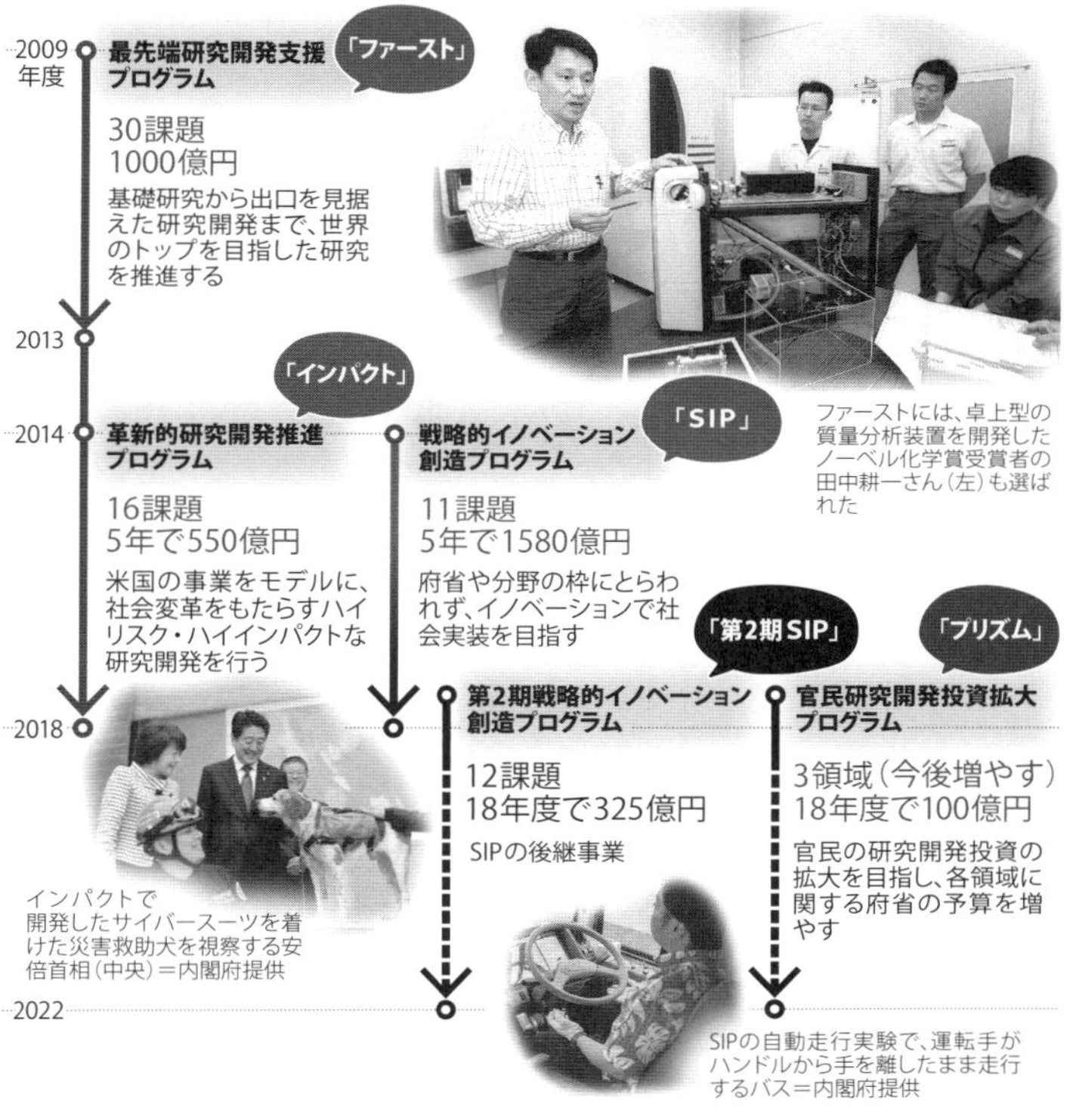

ファーストには、卓上型の質量分析装置を開発したノーベル化学賞受賞者の田中耕一さん（左）も選ばれた

インパクトで開発したサイバースーツを着けた災害救助犬を視察する安倍首相（中央）＝内閣府提供

SIPの自動走行実験で、運転手がハンドルから手を離したまま走行するバス＝内閣府提供

マネジャー）を務める、インパクトの研究チームと、製菓会社の明治による共同研究の「成果」だった。

発表によると、四五～六八歳の男女計三〇人にカカオを多く含むチョコレートを四週間食べさせた結果、「大脳皮質の量を増やし、学習機能を高める」ことが分かったという。一見、まさに狙い通りのハイインパクトな研究成果に見える。

しかしこの研究発表には、ある重大な欠陥があった。

この手の実験では通常、「対照群」と呼ばれる、チョコレートを食べなかった集団との比較をして、その効果を調べなければならない。ところが山川氏のチームの発表では、対照群との比較がなかった。これでは実験で示されたという「脳が若返る」という効果がみられたとしても、果たしてそれがチョコレートを食べた影響なのかどうかが分からない。

さらに被験者が三〇人と少ないことも疑問視され、「科学的根拠に乏しい」という批判が他の研究者から続出した。

この事態を重く見た内閣府は、発表から一年以上もたった一八年三月になってようやく、山川氏らに実験のやり直しを指示。「発表資料の原案作りを明治に委ね、チェックも不十分」と指摘した。

科学的根拠の乏しさもさることながら、国の資金を使った研究が、明治のチョコレートという、民間企業の商品に対する事実上の「ＰＲ」になっているという指摘もあった。明治との共同研究は一八年五月、事実上の中止に追い込まれた。

相次ぐ成果の「誇大広告」

インパクトでは、また別の事業でも「誇大広告」があった。

問題になったのは、インパクトの資金で開発した計算装置「量子ニューラルネットワーク（ＱＮＮ）」だ。ＮＴＴや国立情報学研究所（ＮＩＩ）、東京大という産官学が参加する事業で、山本喜久・ＮＩＩ名誉教授が責任者のプログラムマネジャーを務める。

一七年一一月、計算装置は「世界最大規模の量子コンピューター」のキャッチフレーズで記者発表され、山本氏は「創薬など現代のコンピューターの限界で技術革新が止まっているさまざまな分野で、ブレークスルー（突破口）になると期待される」とコメントした。発表を受け、「スーパーコンピューター（スパコン）をはるかに超える国産量子コンピューター」と朝刊一面トップで報じた全国紙もあった。

ＱＮＮは、レーザー光を使うのが特徴だ。二〇〇〇個の光を一周一キロ（環状）の光ファイバーに断続的に流し、集積回路で光を互いに作用させる。光が約一〇〇〇周する間に光の作用で答えを出す仕組みだ。山本氏は「世界最大規模。これまでの限界を三〇倍以上、拡大した組み合わせ問題を解ける」と強調する。

この発表に対して、開発チーム内外から異論が出た。光同士を作用させる部分で、一般的なパソコンに搭載されているのと同じ集積回路を使っているためだ。この回路は従来型の計算機で、光を電気信号に変換して処理する。光を処理した時点で、極小の粒子である量子の特徴は消えてしまう。

チームのメンバーでもある西森秀稔・東京工業大教授は、取材に「計算の一番本質のところで量子効果を使っていない」と話す。西森氏は問題の記者発表には関与していないという。共同研究者に名を連ねる井上恭《きょう》・大阪大教授も『これは量子コンピューターとは違う』と言う人がいたら反論できない」と話した。チーム外の研究者も「特定の問題を速く解くことは期待できるが量子コンピューターではない」と断言した。

チームはその後、レーザー光を一〇万個に増やして、性能を高めた装置も開発した。しかし、結局は集積回路の処理速度が性能を決める。ある若手研究者は「記者発表で量子コンピューターと言いながら、結局は従来型の計算機の性能向上に注がれることになる」と話す。

一方、山本氏は取材に「新しい方式の量子コンピューター」と主張し、あくまで「量子コンピューター」という名称にこだわった。「量子コンピューター技術がどう発展していくかは時間が経過しないと分からない。(日本は)新しいものが受け入れられにくい国柄ということは分かるが、今の段階で(量子コンピューターという言葉の)意味にこだわる必要はない」と話す。

ただし、山本氏はQNNの原理を紹介した論文（米科学誌サイエンスに一六年掲載）など学術的な議論の場では「量子コンピューター」という言葉を使っていない。

量子コンピューターの定義を巡っては、米国に本部を置く専門学会が用語統一を検討している。複数の関係者は「この装置が量子コンピューターと認められる可能性は低い」と口をそろえる。

発表から四カ月後の一八年三月、内閣府は、当面はこの装置を「量子コンピューター」とは呼ばないことを決めた。開発チーム内外の専門家に意見を聞いたところ「集積回路が計算速度を決めている可能性があり、処理性能が伸びるか確信は持てない」などの意見が出たという。

また、NIIの広報担当者は取材に、発表資料にあった「世界最大規模の量子コンピューター」の表記は山本氏個人の見解だったと明らかにし、「今回の装置を量子コンピューターと呼ぶのは適切ではない」と回答した。

なぜこうした「誇大広告」が相次ぐのか。

ある研究者は「メディアに取り上げられ、予算がつきやすい背景もある」と指摘する。インパクトのプロジェクトは一八年度末で終了したため、別の研究者も「（終了前に）世間に印象づけたい思惑があったのではないか」と推測する。

大学の運営費交付金が年々削られる一方、インパクトのように数十億円規模の資金を投じ、五年前後の短期間で成果を求める政府の大型プロジェクトが増えつつある。小林傳司《ただし》・大阪大教授（科学技術社会論）は「出口志向の大型プロジェクトほど目に見える結果を求められる。研究者側はそれに応えようと一生懸命になるし、資金が途絶えないよう必死にもなる。その結果、社会により大きなインパクトを与える『成果』が強調されやすい構造があると言える」と指摘する。

「当たり馬券」だけ買えるのか

予算の「選択と集中」を考える上で、参考になる論文がある。米国の研究チームが一六年、米科学誌サイエンスで発表した分析結果だ。

このチームは、二〇年以上の経験のある研究者約二九〇〇人について、研究能力と成果との関連性を統計学的に分析した。その結果、他の論文への引用回数の多いヒット論文が各研究者のキャリアのどの時点で発表されるかはまちまちで、ヒット論文と相前後して良い成果を出せるとは限らないことが分かった。

つまり、過去の実績を当てにして研究費を配分しても、期待通りの成果が出るかどうかは分からないのだ。

影響力の大きな論文が出せるかどうかは、研究者個人の能力の高さだけではなく、後に大きく発展するような研究テーマに取り組めるかどうかという「運」にも左右されると考えると、こうしたデータが最もよく説明できたという。

調麻佐志《しらべまさし》・東京工業大教授（科学技術社会論）は、次のように解説する。「当たりの宝くじを選んで買うことができないのと同じだ。『選択と集中』は、あらかじめ優れた成果を生む研究が分かるという前提の下になされているが、この論文によればその前提は成り立たない」

他にも、一つのプロジェクトや研究室への研究助成が一定規模を上回ると、論文の数や質といった生産性が逆に低くなる傾向があることを示唆する複数の報告がある。

科学技術政策アナリストの小林信一氏は「日本では〇〇年代後半に特定のテーマや研究機関に資金が集中する傾向が強まった。海外でも『選択と集中』を政策目標として位置付ける国は多いが、日本のような極度な集中はみられず、米国では〇〇年前後から見直しが始まった」と指摘する。

「必ず当たる馬券」を買う方法が存在しないのと同様に、「必ず成果を出せる研究」も存在しない。選択と集中に対するこうした批判は、非常に的を射ていると言えよう。

ある政府関係者も「失敗もあり得るハイリスクな課題に挑戦しながら実用化も目指すというのは、そもそも矛盾している」と吐露する。

ところが、政府は「選択と集中」をさらに強力に推し進めている。

インパクトの後継として打ち出した「ムーンショット」と呼ばれる巨大事業がそれだ。事業名は、一九六〇年代に人類を初めて月に送り届けたアポロ計画に由来する。困難ではあるが実現すれば極めて大きなインパクトをもたらすような、大胆で野心的な事業を選び、集中的に投資する。「失敗を許容する」と明記したのがインパクトとの違いだが、その予算は五年で一〇〇〇億円超。五年で五五〇億円だったインパクトの倍近くに上る。

誇大広告が問題視され、悪評が高かったインパクトが、まさに「焼け太り」になったのである。

ムーンショットはもちろん、どんな研究者がどんなテーマを掲げてもいい、ということではない。「社会変革をもたらす技術革新の創出」であることが条件だ。「ビジョナリー会議」と呼ばれる有識者会議が「目標」をまず定め、それに基づいて研究者を公募するという、トップダウンで決まる。

ビジョナリー会議の委員は、小林喜光・前経済同友会代表幹事や、北野宏明・ソニーコンピユータサイエンス研究所長、落合陽一・元筑波大学長補佐ら計七人。一九年三月から五回（うち一回は非公開）の会合を経て、七月にまとめた二五の目標は、たとえば以下のようなものだ。さらに一九年末まで議論を続け、目標を数個に絞り込むという。

「二〇五〇年までにサイボーク化技術の実現（人間拡張技術）」
「二〇四〇年までに単位計算量当たりエネルギー消費を一〇〇〇分の一に」
「二〇五〇年までに地球上からの『ゴミ』の廃絶」
「二〇五〇年までに人工冬眠技術を確立」

一見して、どれも夢のある目標に見える。
だが、これらを実現するための最良の方法は、果たして「目標に対する集中投資」なのだろうか。

基礎研究はなぜ大切か

ムーンショットのような破壊的イノベーションが、全く関係のない基礎研究から生まれた、という事例は、枚挙にいとまがない。

たとえば、インターネットのアドレスですっかりおなじみの「ワールド・ワイド・ウェブ（ｗｗｗ）」というシステムがある。これは、世界最大の素粒子物理学の研究拠点である欧州合同原子核研究所（ＣＥＲＮ《セルン》）の研究者が開発した。もともとはＣＥＲＮの測定結果を、世界中の研究者と共有するためのシステムだった。それがいまや、世界の数十億人に使われるインターネットの基礎となったのだ。スマートフォンで誰もが使っているタッチパネルの技術もここで生まれた。

生物の狙った遺伝子を精度良く改変することができ、医療や農畜産物の改良など幅広い分野で応用研究が進められているゲノム編集技術「クリスパー・キャス９」も、微生物の免疫システムを利用して開発された。

開発研究を主導し、一二年に発表したのはエマニュエル・シャルパンティエ、ジェニファー・ダウドナ両博士だが、九〇～〇〇年代にかけて先駆的な基礎研究をした一人が、スペイン・アリカンテ大のフランシス・モヒカ博士だ。「純粋な好奇心に基づく基礎研究こそが、社会の進歩につながるような革新的な技術の源泉になる。クリスパー・キャス９の開発の歴史はそれを象徴している」と話す。

「生命の設計図」であるDNAは、A、T、C、Gの四種類の塩基という物質が並んでできている。モヒカ氏はアリカンテ大の大学院生だった二八歳のころ、塩田に生息し、塩分に強い耐性を持つ古細菌の一種のDNAに、特徴的な塩基の繰り返し配列があるのを見付け、九三年に報告した。約三〇塩基対の繰り返し配列に、それより少し長い「スペーサー配列」が挟まれたこの不思議な構造は、後に「クリスパー」と名付けられた。

それに先立つ八七年、石野良純・九州大教授ら日本の研究チームが、大腸菌のDNAの中に繰り返し配列があるのを初めて報告していた。「大腸菌と古細菌という系統的に離れた微生物のDNAに類似の構造があるのは、何か重要な機能をつかさどっているからに違いない」。そう確信したモヒカ氏は、さまざまな微生物で実験を繰り返し、〇〇年までに約二〇種類の異なる微生物でクリスパー配列を発見した。

さらに、繰り返し配列に挟まれたスペーサー配列にも注目。大量のスペーサー配列を調べ、その一部が細菌に感染するウイルスなどの塩基配列と一致することに気付いた。微生物が、過去に侵入してきたウイルスなどの情報をDNAの中にクリスパーという形で記憶しているという証拠だった。クリスパー配列が免疫システムに関連しているとみられるとする〇五年の報告は、後のクリスパー・キャス9の開発につながる重要な成果となった。

「それまで一〇年間、クリスパーの研究を続けてきたが、免疫という可能性は考えもしなかった。私たち自身も驚く結果で、喜びは今も鮮明に残っている」

一八年六月に来日したモヒカ氏はそう語った。当時、この発見がゲノム編集技術の開発につながるとは「全く想定していなかった」と言う。

日本発の成果でもこうしたケースは幾つもある。〇八年にノーベル化学賞を受賞した故・下村脩《おさむ》氏は、光るクラゲの研究から、緑色蛍光たんぱく質（GFP）を発見した。発見から約三〇年後、細胞の中で働くたんぱく質の「標識」としてGFPが使えることを、下村氏の共同受賞者が示した。GFPは、生命活動の「可視化」という、誰も予想しえなかった成果を生み、今では生命科学の分野で不可欠の物質になっている。

しかし、下村氏自身は何かに役立てるためにGFPを追究したわけではなく、ただただ「クラゲが光る理由が知りたい」と思っただけである。出口が重視される昨今の風潮で、果たして下村氏の研究が許容されただろうかと考えずにはおれない。

行き詰まるiPS細胞ストック事業

さて、ここで大型研究開発プロジェクト以外の公的研究費の「選択と集中」にも目を向けてみたい。代表的なターゲットの一つが、日本発の画期的な「万能細胞」であるiPS細胞（人工多能性幹細胞）を応用する再生医療研究だ。

ｉＰＳ細胞は、体を構成する体細胞に四種類の遺伝子を導入することで受精卵に近い状態に「初期化」した細胞で、培養条件さえ整えれば、多種多様な臓器や器官の細胞に変化させることができる。山中伸弥・京都大教授が高橋和利博士とともに〇六年にマウスの細胞で開発、翌年には山中氏ら国内外の研究チームがヒトでも作製することに成功した。再生医療のほか、患者の体内の細胞をシャーレ上で再現できるために、難病の解明や新薬の開発など、さまざまな応用に向けた研究が進む。政府はこの中でも特に、再生医療研究に集中的に投資してきた。

山中氏は現在、京都大に設立されたｉＰＳ細胞研究所（以下、ｉＰＳ研）の所長を務め、一二年には日本人で史上二人目となるノーベル医学生理学賞に輝いた。

「課題を全て解決できなければ、残念ながらストックは使われない」。山中氏が幹細胞や再生医療の有識者らにそう報告したのは、一七年一二月、文部科学省であった会議だった。約二〇分の報告の間、山中氏の表情は険しいままだった。

「ストック」とは、再生医療用のヒトのｉＰＳ細胞を備蓄する、ｉＰＳ研の主要事業だ。

老若男女、健康な人からもそうでない人からも、さまざまな細胞になる幹細胞を体外で作ることができるのは、ｉＰＳ細胞の最大の利点だ。もし患者本人の細胞からｉＰＳ細胞を作り、そこから機能改善が必要な臓器などの必要な細胞を作製して移植すれば、他人からの移植で起こるような拒絶反応は回避できるとされる。しかし、それでは作製の時間と費用がかさみ、現時点では現実的な医療として成り立たない。ストック事業では、輸血用の血液をあらかじめ血液型ごとに揃えて備蓄しておくように、再生医療で使うｉＰＳ細胞でも拒絶反応を起こしにくい特殊な白血球の型（ＨＬＡ型）を持つ提供者のｉＰＳ細胞をあらかじめ複数揃えておく。日本人の大半への移植に対応できる態勢を目指し、一三年に始まった。

ｉＰＳ研は、文科省の「再生医療実現拠点ネットワークプログラム」の中核拠点として一三〜一六年度に配分された約一〇〇億円のうち、約七〇億円をこの事業に投じた。六〇数人の態勢を組み、一七年一一月からは山中氏自らが責任者を兼務。一八年四月二七日までに、日本人の三二％をカバーする三種類のＨＬＡ型のｉＰＳ細胞を備蓄した。

ところが一七年夏、ｉＰＳ研が大学や企業などを対象に実施したアンケートで意外な結果が出た。「（移植に使う際）ｉＰＳ細胞のＨＬＡ型を（個々の患者に）合わせるか」という問いに、企業三社全てと、一五研究機関のうち六機関が「合わせない」もしくは「どちらとも言えない」と回答したのだ。通常の臓器移植と同様に免疫抑制剤を使えば、ＨＬＡ型を合わせる必要はない。ある関係者はこの結果に、「そもそもストックは必要だったのかという話になる。ショックだった」と打ち明ける。

冒頭の会議でアンケート結果を紹介した山中氏は、企業がストックの利用に消極的な理由として、将来、ＨＬＡ型ごとに安全性などの試験が必要になった場合、膨大なコストがかかる可能性など四つの課題を挙げた。その上で「ｉＰＳ研が関わることで課題が克服できる。日本人の五〇％のカバーを当面の目標とし、三年後をめどに計画を見直すべきか相談したい」と、目標を下方修正しつつ、事業継続を訴えた。

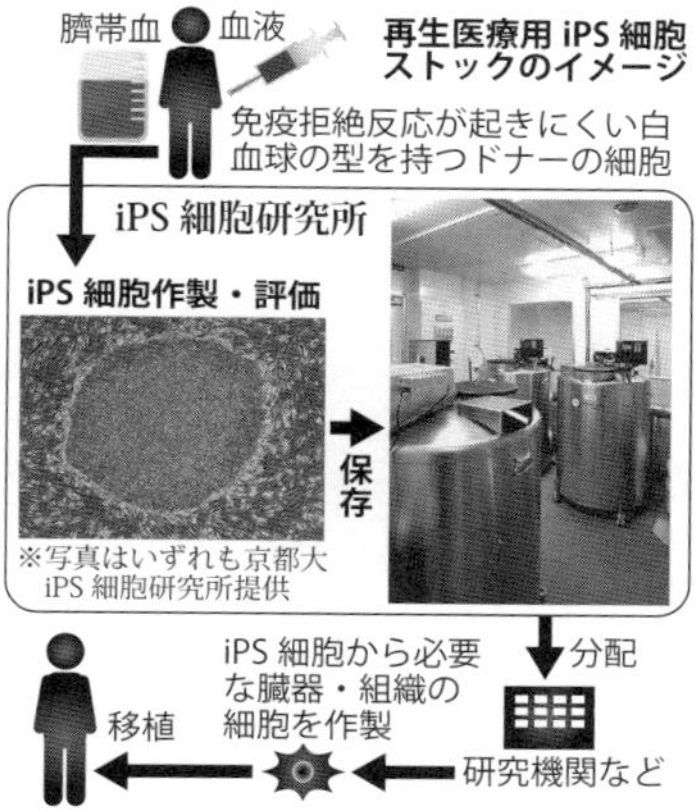

山中氏は取材班に対し、「採算や収益性を考える必要のある企業には、（ＨＬＡ型を）合わせたくても合わせられない事情がある。移植する細胞の種類によっては必要ない場合もあるが、本来合わせた方がいいのに合わせない選択をするということは、免疫抑制剤の投与によって患者さんに負担を強いることになる」「ストックは公共性の高い事業であり、ストップできない。現時点では私たちがやらないと頓挫する。それで被害を受けるのは患者さんなので、そういう無責任なことはできない」と、事業の重要性を強調した。

しかし、別の理由で、ストックの細胞を使わないと明言する企業もある。アステラス製薬の子会社「ＡＩＲＭ」の志鷹《したか》義嗣社長は、取材班に「ｉＰＳ細胞は自前でも作れる。ストックの同じ細胞を使った他社の製品で何か不具合が生じれば、風評被害を受ける可能性がある。そんなリスキーなことはしない」と明言した。

ストック事業を進めている一七年、製造過程で使う試薬の一つで、ラベルの貼り違えによる誤用の可能性が生じたとして、臍帯血《さいたいけつ》由来のｉＰＳ細胞の一種類の提供を中止する出来事があった。すでに一三機関に提供されていた細胞で、中には臨床応用に向けて利用していた機関もあった。幸い実際にヒトに使用していたケースはなかったものの、複数の研究で遅れが生じたと言われている。提供を受けていた機関からは「民間企業ではあり得ないミス」とあきれる声も聞かれた。

ストックの存在意義を揺るがすような新たな技術も登場している。米バイオベンチャーが、遺伝子を従来より高い精度で効率良く改変できる「ゲノム編集」技術を使ってｉＰＳ細胞の遺伝子を改変し、移植時の拒絶反応を抑える技術を開発したのだ。これを使えば、ＨＬＡ型を気にせず移植できる細胞が作製できるかもしれないと注目されている。

ストックの細胞の評価にも携わる神戸医療産業都市推進機構の川真田伸・細胞療法研究開発センター長は「さまざまな観点からストック事業の行き詰まりは明らかだが、誰も打開策を持たずに結論を先送りにしている。政策の検証もせず、公共的な事業を山中所長一人に丸投げする政府の姿勢にこそ問題がある」と指摘する。

このような中、山中氏は一八年一二月、取材班に対し、ストック事業をｉＰＳ研から切り離し、公益財団法人のような外部組織に移管する構想を明らかにした。その後、文部科学省の専門部会で具体的に発表し、専門部会も八カ月の検討の結果、一九年八月に意向を追認する報告書をまとめた。山中氏は部会後、「できるだけ早く法人を設立できるようにしたい」と話しており、どのような組織体制にするか、具体的な検討が本格化する。

新たな知見を求める基礎研究と、安全かつ均一な細胞を大量培養し、品質を厳しく管理するストック事業とでは、細胞培養の施設基準や運営の仕方、人材に求められる資質が大きく異なる。このことから、研究・教育を主とした大学の研究所で両方を行うよりは、前述したような「民間企業ではあり得ないミス」は防げるかもしれない。しかし、ｉＰＳ細胞は化合物で作る薬と異なり、細胞提供者の一人ひとりによって品質にばらつきがあるなど未解明の部分も多く、再生医療の関係者からは「製品として売り出すような備蓄には時期尚早」という声も根強い。大学から切り離したとしても、この課題は残ったままで、ストック事業がうまく回る保証はないのが現状だ。

iPS細胞偏重によってひらく世界との差

政府はiPS細胞による再生医療を異例の速さで強力に後押ししてきた。山中氏らがヒトiPS細胞の開発を発表してからわずか一カ月後の〇七年一二月、文科省は研究支援策を盛り込んだ「総合戦略」をまとめた。〇八年度にスタートした第二期「再生医療の実現化プロジェクト」では、京大、理化学研究所、慶応大、東大の四拠点に五年で総額二一七億円を投入。経済産業省と新エネルギー・産業技術総合開発機構は〇八～一三年度、総額約五五億円の産業応用プロジェクトを実施し、幹細胞の大量生産や創薬に向けた研究開発を進めた。

政権交代後、第二次安倍政権が再生医療を「成長戦略」の柱の一つに位置付けたことで支援は加速した。政権発足翌月の一三年一月、文科省は一〇年間で約一一〇〇億円の研究支援を決定。一四年には、再生医療製品の承認を優先し、有効性は市販後に検証できる法律ができた。理研発のベンチャー「ヘリオス」の鍵本忠尚社長は、早期承認制度について「企業が開発リスクを負えるようになった。最大のベンチャー支援策だ」と評価する。

政府挙げての素早い支援の背景には、山中氏の中学・高校の同級生で、当時官房副長官だった世耕弘成経産相の力添えもあった。世耕氏は当時の毎日新聞の取材に「(山中氏から)安定的な研究資金が必要だという希望を聞き、官邸で財務省との調整を受け持った」と明かしている。

政府のそれらの支援は一定の成果を生んだ。一四年九月には、理研の高橋政代プロジェクトリーダーらの研究チームが、目の難病を対象にｉＰＳ細胞から作製した網膜の一部の細胞を移植する臨床研究を世界に先駆けて開始。一例目は患者由来のｉＰＳ細胞を使ったが、その後、他人のｉＰＳ細胞から作った網膜細胞に切り替えた。一九年四月、他人由来の細胞移植を受けた五人の患者について、移植から一年経過しても細胞が生存し、目立った拒絶反応や副作用も生じなかったと発表した。安全性を確認するのが主目的で、患者はいずれも手術前の視力が維持されたものの、視力の大幅な回復には至っていないという。

目の場合より桁違いに多くの細胞を移植する臨床研究も進む。一八年八月には、ｉＰＳ研の高橋淳教授らの研究チームが、手足の震えや筋肉のこわばりなどの症状が出る神経難病のパーキンソン病の患者の脳にｉＰＳ細胞由来の神経細胞を移植する医師主導の治験を開始し、一一月には一人目の患者に移植したと発表した。同年から一九年にかけては、他に重症心不全や血液の難病である再生不良性貧血、脊髄《せきずい》損傷、角膜の損傷でもｉＰＳ細胞を使った臨床研究計画が承認された。

ただし、再生医療全体で見ると、ｉＰＳ細胞に偏重する日本は、世界のトップランナーとは言い難い。海外では、もともと体内に存在する体性幹細胞や、iPS細胞とほぼ性質が同じで、受精卵から作るES細胞（胚性幹細胞）を使った研究が先行する。すでに米国、中国、英国、カナダ、韓国などで、目の難病や脊髄損傷、糖尿病、パーキンソン病を対象に二〇件以上（一八年五月時点）の臨床試験が実施されている。重症心不全でも、フランスでは早くも一三年に、ES細胞由来の細胞シートを移植する臨床試験が始まった。米国立衛生研究所などのデータベースによると、さまざまな幹細胞を使った臨床試験の件数で、日本は米国や中国、欧州、カナダに比べ大きく出遅れているのが現状だ。

こうした状況について、ヒトiPS細胞が開発された当時、文科省ライフサイエンス課長だった菱山豊・日本医療研究開発機構理事は「評価するのはまだ早い。現段階では決して負けてはいないし、もしiPS細胞への注力がなければ、幹細胞研究全体がもっと遅れていただろう」とみる。

一方、日本でヒトES細胞を初めて作製した中辻憲夫・京大名誉教授は「iPS細胞ができた途端、（受精卵から作ることによる）ES細胞の倫理面の問題ばかり強調され、研究が事実上、止まってしまった」と振り返る。実際、重症心不全でiPS細胞を使った臨床研究を主導する大阪大の澤芳樹教授は、厚生労働省の専門部会による承認を受けた記者会見で毎日新聞がES細胞を使わない理由を尋ねた際、こう答えている。「私たちはずっとiPS細胞を使って研究を積み重ねてきた。ＥＳ細胞では知見がない」

ヒトのＥＳ細胞はｉＰＳ細胞に先立つ一九九八年に開発された。中辻氏は「国際的にはＥＳ細胞の方が知見の蓄積があり、臨床応用のための基礎ができている。（遺伝子を導入して初期化する）ｉＰＳ細胞は、品質の不安定性が懸念されている」と解説する。

しかし、ＥＳ細胞には生命の萌芽である人の受精卵を使って作製するという倫理的問題があることから、日本では医療への使用を認める指針が施行されたのが一四年。京大のチームによる医療用ＥＳ細胞の国内初の作製計画が一七年六月、ようやく了承されたが、「この間に大きく海外と差が開いてしまった」（中辻氏）。国立医薬品食品衛生研究所再生・細胞医療製品部の佐藤陽治部長も「海外ではＥＳ細胞の臨床応用を見込んで早期から環境整備が進められた。日本は意思決定が遅く、結果的に大きく出遅れた」と指摘する。

かつて厚生労働省で幹細胞研究の施策を取りまとめた官僚の一人は、取材班に「ｉＰＳ細胞にのみ特化し

政府の主なｉＰＳ細胞研究支援策

2007年12月　ｉＰＳ細胞研究等の加速に向けた総合戦略（文部科学省）
2008～12年度　第２期再生医療の実現化プロジェクト（文科省。京都大など４拠点を選定）
2008～13年度　ヒト幹細胞産業応用促進基盤技術開発（新エネルギー・産業技術総合開発機構）
2009年６月　ｉＰＳ細胞研究ロードマップ（文科省）
2011年４月　再生医療の実現化ハイウェイ（文科省・厚生労働省・経済産業省）

たのは間違いだった」と認めた。

ヒトiPS細胞の開発当初、山中氏は「日本は駅伝を一人で走っているようなもの」と、オールジャパンでの研究体制作りを求めた。だが今、佐藤氏はこう懸念する。「円陣を組む日本の官と学がどれだけ海外に目を向けているのかが問題だ。オールジャパンのかけ声の下、内向きになっているのではないか」

これまで見てきたように、政府が推し進める「選択と集中」は、決して功を奏しているとは言い難い。その一方で、大学などの研究機関の多くは今、施設・資金の両面で、研究どころか専門的な教育すらもままならないという逼迫《ひっぱく》した状況に置かれている。

取材班は幾つかの現場を歩くとともに、疲弊の要因を探った。

調査は自腹、あえぐ地方大学

白い砂浜に無数の黒い小さな粒が散らばっていた。一八年二月三日、鹿児島県・奄美大島の海岸を丹念に歩き回っていた鹿児島大水産学部の西隆一郎教授（海岸環境工学）の目に留まったのは、約一カ月前に東シナ海で沈没したパナマ船籍のタンカーから漏れ出し、島へ漂着したとみられる大量の油の塊だった。

「このままでは日本の漁業は全滅だ！」

「なぜ情報が出てこないんだ？」

事態がどこまで広がるのか、現場でも正確な情報がつかめない中、インターネット上には事故直後から心配やいら立ちの声があふれた。西氏は地元の専門家として、一刻も早く調査に駆けつけるべきだと考えた。だが、西氏の研究室は准教授や助教ポストが空席になっていて、学生を指導する教員は西氏一人しかいない。講義や学内の会議を代わってもらえるあてはなく、もどかしさばかりが募った。

一カ月待ってようやく実現したこの日の現地調査は日帰りだった。年度末が近づき、研究室の予算は枯渇寸前。島への航空券代は何とか工面できたが、レンタカーとガソリンの代金は自腹で支払った。西氏は一八年二月六〜七日にも再調査のため島を訪れたが、大学の規定で「休日」扱いとなり、宿泊費は自分で支払った。

大学から教員に支給される年間約四〇万円の予算はほぼ全て、研究室の光熱費や通信費、講義資料の印刷代に消えてしまう。西氏ら有志の訴えを受け、タンカー事故の影響調査のためのワーキンググループが大学内に設けられ、大学側から約二〇〇万円の補助金が出たが、西氏は「小さな離島の調査のために船を出したり、住民への説明会を開いたりで瞬く間になくなり、不足分はやはり各自で工面した」という。

資金不足が響くのは非常時ばかりではない。同じ水産学部の宇野誠一准教授（環境汚染学）は「日ごろ、学生を環境調査に連れて行くこともできない。現場を踏んでこそ伝えられるノウハウがあるのに」と嘆く。研究室には年に数回、調査技術を持たない途上国から、海洋汚染調査の要請が舞い込む。以前は海外出張する余裕があった。だが、宇野氏は「この五年ほど全く応えられていない」と明かす。

タンカー事故で、西氏らと漂着油の調査を始めるにあたり、宇野氏は企業などから化学物質の測定を請け負うなどしてコツコツとためた「虎の子」の三〇万円のうち二〇万円を、長らく故障したまま修理できずにいた分析装置の修理費に充てた。回収した貝や砂に付着した油を迅速に分析するには不可欠だったからだ。

地元の大学だからこそ担うべき役割も、なかなか思うように果たせない現状に、宇野氏は「流行の研究分野でなければ、実験も調査も思うようにできないのだろうか。真綿で首を絞められるようだ」とため息をつく。

「国立大二〇校分」削られた予算

国立大が比較的自由に使える国からの運営費交付金は、政府の行財政改革の一環で、〇四年度から毎年約一%ずつ減額され、一五年度までに当初の一割に相当する一四七〇億円が削られた。実に、中規模の国立大二〇校分の年間予算に相当する額が一〇年余りで消えたことになる。

運営費交付金の削減は、大学が研究者に支給する個人研究費を直撃した。文部科学省が一六年六~七月に国内の研究者約一万人を対象に実施したアンケート(回答率三六%)では、所属先から支給される個人研究費について、「年間五〇万円未満」と答えた研究者が六割に上った。「一〇万円未満」と答えた研究者も一四%いた。年間五〇万円といえば、新生銀行の調査によると、二〇代男性会社員が手にする平均的な小遣いとほぼ同額だ。

鹿児島大に交付される運営費は、〇四年度の一六四億円から一七年度は一五八億円に減り、人件費や施設維持費を抑えざるを得なかった。経営を維持するため、鹿児島大は一六年、鹿児島商工会議所に入会した。地元経済界が大学に求めるニーズを探るとともに、企業や個人からの寄付金獲得に力を入れた。学内の体育館や図書館のネーミングライツ(命名権)を買ってくれるスポンサーの募集も始めた。島秀典・副学長は「お金がないなら自らで集める以外ない」

と話す。その一方で、大学の行く末をこうも占った。「このままでは将来、やりくりができなくなる。遅かれ早かれ、近隣大学との統合論議が動き出すのではないか」

運営費交付金が減った結果、懸念されるのが教職員の削減だ。茨城大では〇四年度から一七年度の間に教員が三〇人減った。前年度までに運営費交付金は約九億円減り、経常経費の七割を占める人件費に響いた。企業などからの受託研究収入が伸びるなど外部資金も獲得しているが、こうした資金は期限や使い道が決まっている場合が多く、安定的な人件費には使いにくい。

若手教員の採用に力を入れ、自己財源強化のため、一五年に基金を創設して寄付を募り始めたものの、一八年二月までに寄せられたのは約四三〇〇万円で、運営費交付金の減額分を埋めるにはほど遠い。管理職手当の削減などにも取り組むが、三村信男学長は「教員の計画的な削減に踏み込まざるを得ない」という。

定年退職した教員の補充を先送りしたり、教員が二人定年退職しても一人しか補充しなかったり、すでに計画的に人件費の削減を進めている大学は多い。国立大学協会が一七年、全国の八六国立大と四つの大学共同利用機関を対象に実施した調査では、四七機関が定年退職した教員の補充を抑制し、一二機関は昇任人事も抑えていた。京都教育大では高校の「情報」の教員免許を出せなくなるなど、直接的な影響が出ている。

運営費交付金は原則として、教職員の数など大学の規模に応じて配分される。一六年度の最

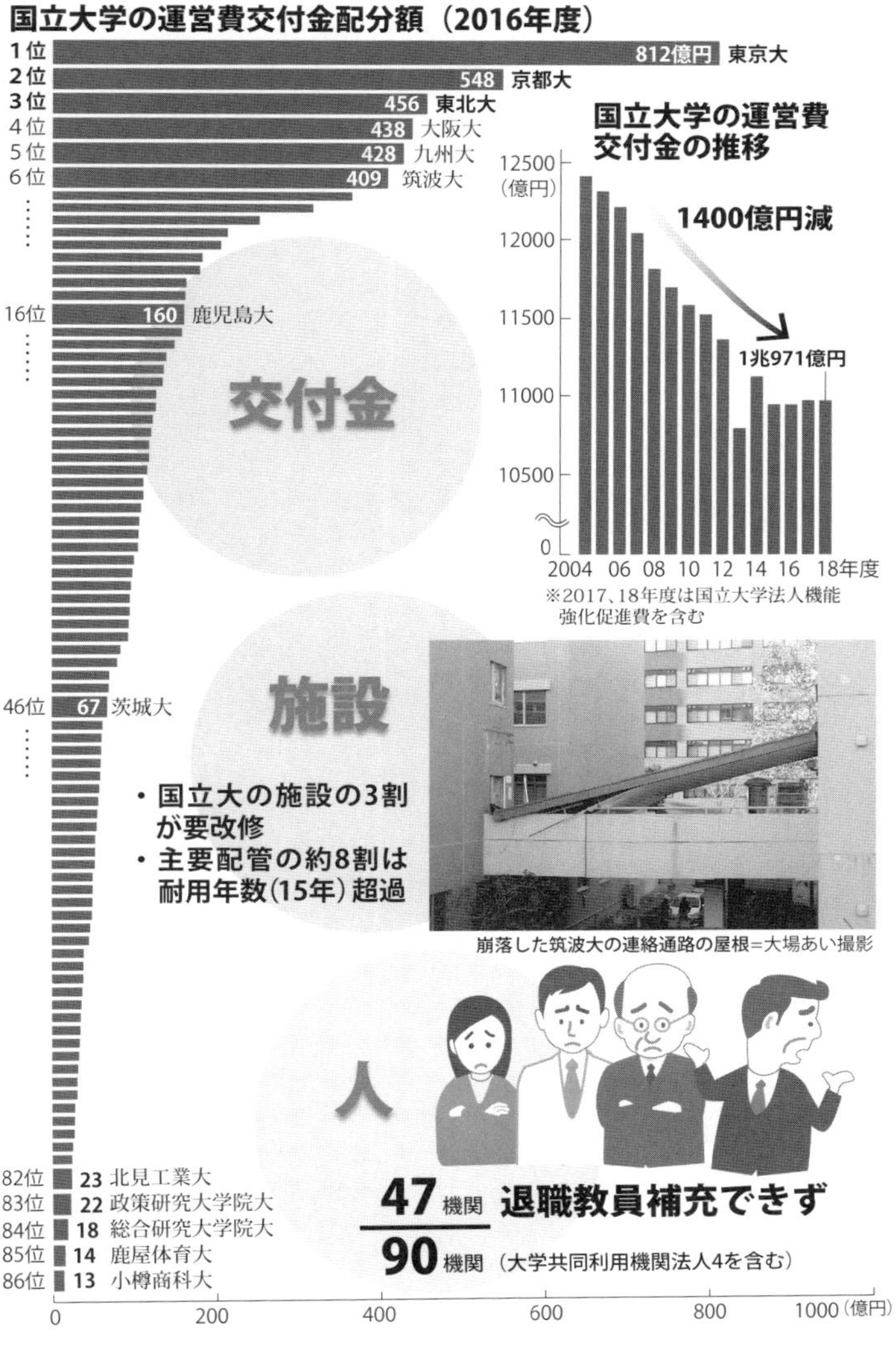
国立大学の運営費交付金配分額（2016年度）
1位 812億円 東京大
2位 548 京都大
3位 456 東北大
4位 438 大阪大
5位 428 九州大
6位 409 筑波大
16位 160 鹿児島大
46位 67 茨城大
82位 23 北見工業大
83位 22 政策研究大学院大
84位 18 総合研究大学院大
85位 14 鹿屋体育大
86位 13 小樽商科大
0 200 400 600 800 1000（億円）
交付金
国立大学の運営費交付金の推移
12500（億円）
12000
11500
11000
10500
0
1400億円減
1兆971億円
2004 06 08 10 12 14 16 18年度
※2017、18年度は国立大学法人機能強化促進費を含む
施設
・国立大の施設の3割が要改修
・主要配管の約8割は耐用年数（15年）超過
崩落した筑波大の連絡通路の屋根＝大場あい撮影
人
47機関 退職教員補充できず
90機関（大学共同利用機関法人4を含む）

高額は東京大の約八一二億円だったが、八六の国立大のうち七二校は東大の二〇%未満、四四校は一〇%未満だ。黒木登志夫・元岐阜大学長が経済協力開発機構（ＯＥＣＤ）の資料などを基に分析したところ、日本の大学間格差はドイツや米国と比べ際立って大きかったという。

三村氏は「一部の大学に公的支出が集中する仕組みになっているが、それ以外の大学にもそれぞれ強い分野や重要な分野がある。（資金配分を）もっとなだらかにして、幅広い大学で切磋琢磨する裾野の広がりが重要ではないか」と指摘する。

老朽化で屋根崩落

「ドーン」。日曜早朝のキャンパスに大きな音が響いた。一七年一二月、筑波大の二つの建物の二階部分をつなぐ連絡通路で、長さ約一八メートル、重さ約二五トンの屋根が崩落した。筑波大によると、建物はいずれも一九七五年に建設されたもので、大学側は以前から文部科学省に改修予算を要望していた。建築基準法に基づく一五年の定期点検では大きな異常はなかったというが、平日は多くの学生や教員が行き来する通路だけに、施設企画課の担当者は「けが人がいなくて本当によかった」と胸をなで下ろした。

ちょうどその頃、東京・霞が関では、一八年度政府予算案の編成作業が大詰めを迎えていた。

崩落から間もなく、文科省文教施設企画部の長川武司・計画課長補佐は、筑波大から送られた資料を手に財務省に向かい、施設整備予算の増額を求めた。しかし、財務省の担当者は現場写真に驚きつつもこう答えた。

「古くて困っているのは分かっている。でもお金がない」

国立大の設備の老朽化は深刻だ。七〇年代に整備された建物が多く、築二五年以上で要改修の建物は全体の三割に当たる八七四万平方メートル分にもなる。給水管や排水管などキャンパスの主要配管は、実に七七・七％（延べ約三〇〇〇キロ）が法定耐用年数の一五年を超えている。しかし、長川氏は「築一五年では改修できない。三〇年過ぎたものから予算要求しているのが現状」と明かす。

一八年度、各大学から要求があった施設整備の総額は約三〇〇〇億円に上った。だが、当初予算案に盛り込まれたのは、わずか三七六億円に過ぎない。長川氏は言う。「一四〇〇億～一五〇〇億円は必要だが、老朽化を目の当たりにしながら予算がついていかない。我々もつらい」

筑波大の連絡通路は現在、屋根を撤去して使われている。筑波大は一七年度の耐震化率が八六国立大学の中で下から四番目。連絡通路の屋根が崩落した建物も耐震化が済んでいない。筑波大は今後、文科省の補助金をあてに、耐震化工事と同時に屋根を再建したい考えだ。

基盤的な運営費が削られ、学生や教員の安全に関わる老朽施設の改修や耐震化さえもままならないのは国立大に限った話ではない。国からの私立大への補助金もまた、国立大と同じ水準で削られた。OECDの集計によると、一四年の国内総生産（GDP）に占める教育機関への公的支出の割合は、日本は比較可能な三四カ国中、最低の三・二％。このうち大学など高等教育に対する支出の割合は三四％で、OECD平均（七〇％）の約半分だった。

大学に冷たい国で、研究現場があえいでいる。

綱渡りだった「チバニアン」申請

一七年一一月、千葉県市原市の崖にある地層「千葉セクション」が、七七万年前〜一二万六〇〇〇年前の地質年代（中期更新世）を代表する地層であると、国際学会「国際地質科学連合」の一次審査で認められたことが話題になった。この地質年代は「チバニアン」と名付けられる予定で、四六億年にわたる地球史に、初めて日本の地名が刻まれることになる。

チバニアンとは、「千葉」にラテン語で時代を表す「イアン」をつけた造語で「千葉時代」を意味する。地質年代は、地球の歴史を繁栄した生物や気候の変化などに応じて一一五に区切ったもので、いわば地球の「履歴書」にあたる。

国際地質科学連合は、それぞれの地質年代を区切る二つの境界のうち、古い方の境界が現れた地層を、その地質年代の「代表地層」として世界で一つだけ選ぶ。選ばれればその地層に「金のびょう」が打ち込まれ、申請した科学者が地質年代を命名できる。

一九年現在、世界で六八カ所の代表地層が決まっているが、日本にはまだない。

中期更新世の古い方の境界になっているのは七七万年前だ。このとき、地球の磁場である「地磁気」の向きが最後に逆転したことが分かっている。方位磁石はN極が北、S極が南を指すが、これは地球が北にS極、南にN極を持つ巨大な磁石になっていることに由来する。

地磁気の向きは一定ではなく、この三六〇万年間に一一回も向きを変えている。仕組みはいまだによく分かっていないが、方位磁石のS極が北を、N極が南を向く時代もあったわけだ。地層に残された微小な磁石の向きを詳しく調べると、その証拠が分かる。それが最もはっきり残っているのが、千葉セクションなのだ。

チバニアンの命名を目指して国際学会に申請したのは、岡田誠・茨城大教授を中心とした研究チームだ。地中海の海域の一つのイオニア海に由来する「イオニアン」の命名を目指すイタリアの二カ所も名乗りを上げていたが、一次審査では委員一五人中一一人が千葉セクションを

「千葉セクション」の地層を説明する岡田誠・茨城大教授＝千葉県市原市で2016年３月28日、酒造唯撮影

支持し、大差をつけた。

しかし「日本初」の栄誉に浴した岡田氏たちでさえ、なかなか研究費に恵まれず、「お金なんか全然なかった。綱渡りの連続だった」と明かす。

代表地層に選ばれるためには、地磁気逆転の証拠を示すだけではなく、気候変動の証拠や生態系、年代を特定する補強材料になる化石や花粉など、多くのデータが必要だ。だが千葉セクションでは、イタリアの二カ所に比べてこのデータが乏しかった。大学から配分される年間数十万円の予算では、こうした分析をする余裕は全くなかったという。

岡田氏は、研究に参加した翌年の一四年度から、文部科学省の科学研究費補助金（科研費）を申請したが、二年連続で「落選」の憂き目にあった。

科研費は人文科学を含めた全ての分野の研究が対象で、研究者個人が研究計画を添えて申請し、採択されれば受け取ることのできる代表的な外部資金だ。近年、総額は二二〇〇億円強で横ばいなのにもかかわらず、新規の申請件数は急増し、一〇万件を突破している。新規の採択率は二五％と、申請した四人に一人しか受け取れない計算だ。採択されれば幸運で、研究者の世界では「科研費に当たる」と表現される。

岡田氏は科研費が取れなかった一四～一五年度、共同研究者が個人的に寄付してくれた一〇〇万円などで細々と研究を続けた。茨城大から現地の地層までは往復三六〇キロもある。交通費や宿泊費のほか、試料の採取や分析を手伝ってもらう学生のアルバイト代も必要だ。岡田氏は、大学の許可を得て私有車に学生を乗せて現地を往復し、節約に努めたが、資金はすぐに底を突いた。国立極地研究所などの共同研究機関と研究費を融通し合い、何とかしのいだ。

研究が佳境に入り、メディアにも成果が取り上げられ始めた一六年度になってようやく、三年で計一四〇〇万円の科研費に採択された。

これを元手に、民間調査会社にも分析を依頼してデータをさらに充実させ、研究の仕上げにかかっていたころ、ライバルのイタリアチームの猛追で状況が一変した。

それまで「千葉にしかない」とされた地磁気逆転の証拠を間接的に示すデータが、イタリアの一カ所で新たに見つかったのだ。

イタリアが出してきたのは、宇宙から降り注ぐ「宇宙線」によってできた特殊な放射性物質のデータだ。地磁気の向きが逆転する前後には、地磁気自体が弱まるため、それまで地磁気で遮られていた宇宙線の量が増え、地層に含まれる放射性物質の量も増える。それまで「地磁気については優位だ」と思っていた千葉にとっては「盲点」だった。

「イタリアが逆転か」。にわかにそんな声もささやかれ始めた。

「イタリアと同じデータを揃えるには、いったいいくらかかるのだろう」

イタリアの地層が国際学会で世界標準として認められれば「チバニアン」は幻になる。そうならないためには、千葉でもイタリアと同じデータを揃え、国際学会の審査に勝たなければならない。だが、宇宙線でできた特殊な放射性物質を測定するには、日本にはない専用の加速器と、高度な測定技術が必要だった。

費用面の不安を抱える岡田氏のチームが、イタリアの試料を分析したフランスの研究者に打診してみたところ、意外な答えが返ってきた。

「もともと、地磁気のデータがはっきりしている千葉でも測ってみたかった。お金はいらないから共同研究でやりましょう」

フランスの研究者も岡田氏のチームの一員になり、フランスの研究者の資金を使って測定できることになった。こうして岡田氏のチームは重要なデータを入手し、一次審査で「チバニアン」が選ばれる決め手になった。

岡田氏は「あのデータがなければ、少なくともイタリアとの決選投票に持ち込まれていたかもしれない。そうなれば結果は分からなかった」と振り返る。

外部資金頼みの研究者

科研費のような「外部資金頼み」は、岡田氏のケースだけではない。政府は、国立大やその研究者に「自ら稼ぐ」ことを求め始めている。国から大学に配分される運営費交付金が年々削られたことが、その発端だ。

〇四～一二年に出版された論文の責任著者を対象にした文部科学省科学技術・学術政策研究所の調査では、国立大の研究者が外部資金なしで実施した研究の割合は〇四～〇六年の二四％から、一〇～一二年は一七％に下がった。外部資金への依存度はますます高まっている。

科研費は、採択された研究者の所属機関に、研究環境を整備するという名目で、採択額の三割に相当する額を別途渡す仕組みにしており、研究者だけでなく大学にとっても貴重な収入になる。このため多くの大学は、所属する教員に科研費の申請を推奨し、中には申請しない教員に大学から配分する資金を減額するなどのペナルティーを設けているところもある。

「科研費を取り続けなければ、研究そのものができない状況になっている」。そう漏らす若手

科学研究費補助金の新規申請・採択件数の推移

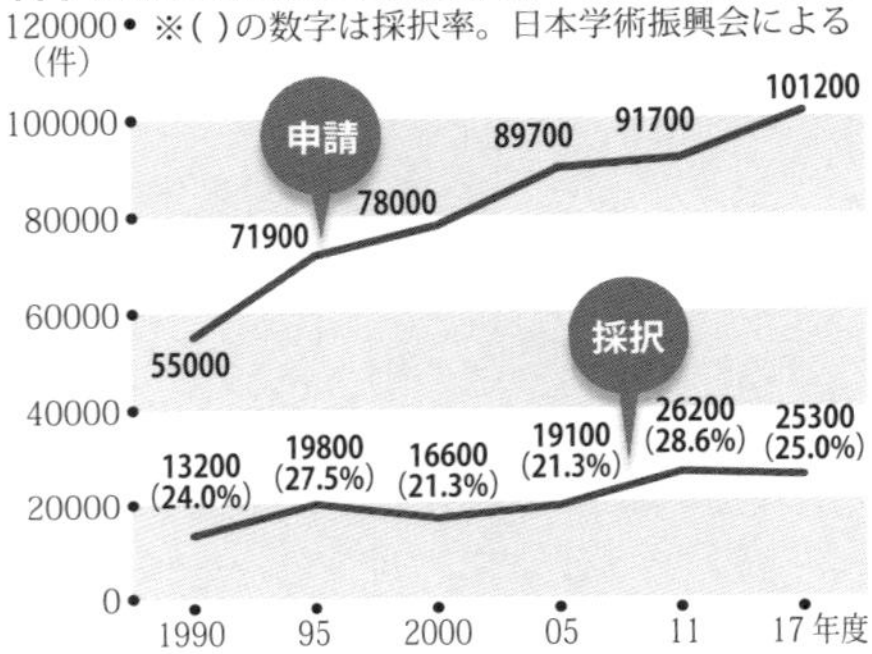

※( )の数字は採択率。日本学術振興会による

研究者は多い。だが、科研費の採択率は約二五%にとどまる。申請しても四分の三の申請者が採択されないため、各大学は企業との共同研究や受託研究にも力を入れざるを得ない。

だが、茨城県のような地方には大学に投資できる余裕のある大手企業が少ない。しかも、社会での応用に結びつきやすい研究をしている工学部などと比べ、岡田氏が在籍する理学部や文系学部の研究への企業の関心は低いという。

チバニアンを巡っては、研究成果に疑義を唱えて反対するグループが国内にあるものの、一八年に国際学会の二次審査を無事通過し、一九年八月には三次審査が始まった。チバニアン命名までクリアしなければいけない審査は四次まであるが、かなり実現の可能性が高まった、と言っていい。

それまでただの崖だった千葉セクションは、「チバニアンの崖」として知られるようになり、訪れる観光客も急増している。

近くに整備された駐車場には売店や簡易トイレができ、ちょっとした観光名所になっている。

市原市は現地保存のため、千葉セクションの一帯を天然記念物に指定し、チバニアン命名に向けた準備が着々と整いつつある。

だがそうした成果が、外部資金を得る「呼び水」にはなっていないのが現状だ。地元企業を集めたイベントなどで講演する機会が増えたという岡田氏は、半ば自嘲気味にこう話す。

「ほとんどの企業は『面白いですね』の一言で終わってしまう。直接何かの役に立つわけではないので、仕方ないのですが……」

研究する時間がない

「外部資金頼み」は、研究者の本業である研究のための時間をも圧迫している。

「何のために研究者になったんだろう……」

関東の国立大に勤める五〇代の女性教授は、やりきれない気持ちになると、大学構内の図書館に駆け込む。古書のにおいを嗅ぐと自分が研究者であることを思い出し、つかの間、気持ちが落ち着くからだ。

女性教授はつねづね、「研究者とは自分が不思議に思うことを追究できる幸せな職業」だと思っていた。大学卒業後、企業に勤めたが、研究者になりたくて大学に戻った。

しかし、大学での生活は理想とはほど遠かった。日々の講義や学生の指導に加え、管理職として大学の運営業務にも携わっている女性教授のスケジュール表は、学内の会議でびっしり埋まり、自分の研究に充てる時間はほとんどない。そこへ追い打ちをかけるのが、外部資金の獲得を促す大学からのプレッシャーだ。

「自分は必要なくても、研究費の申請書を書かされる。書かなければ学部トップに呼び出される」

女性教授の専門は心理学だが、企業からの資金が得にくい分野のため、科研費をはじめとする公的研究費の申請手続きに追われている。ひたすら他の研究者との競争を促す大学に反発し、早期退職した同僚もいるという。

文科省による大学教員への調査では、〇二年には職務時間の四六％を研究に充てていたが、一三年調査では三五％に減少した。この調査における研究時間には、外部資金獲得の書類作成も含まれており、正味の研究時間はさらに少ないのだ。

科学技術・学術政策研究所による研究者の意識調査には、次のような研究者の〝悲鳴〟が寄せられている。

「研究なんてほとんどできない」

「管理的な業務が増え続け、研究そのものに充てる時間は、時間外労働やサービス残業で確保するしかない」

「仕事の量は減らないのに職員が減っている」

学内業務や外部資金獲得のための事務作業に追われ、研究時間が作れない。当然、良い成果をあげられず、競争的研究資金を得ることがますます難しくなる――。

多くの研究者が、この「負のスパイラル」(女性教授)に陥り、もがき苦しんでいる。

山本清・東京大客員教授は、次のように指摘する。

「中国など研究力を伸ばしている国では、研究に専念できる教授がたくさんいる。日本では国公立大でも私立大でも、研究者の雑用が増え、研究時間が圧倒的に足りない。それが研究力低下を招いたことは明らかだ」

強まる国の支配に反感

「不渡りを出す寸前の中小企業のようだ」

水光《すいこう》正仁・宮崎大副学長は、大学運営の現状をこう形容する。

前述のように、〇四年の国立大学法人化以降、国からの運営費交付金は年一%ずつ削減され、大学の運営に欠かせない基盤的経費を直撃した。宮崎大では教員一人に配分できる額は年二〇万円ほどで、法人化前の三分の一以下に落ち込んでいる。研究者は外部資金獲得のための事務作業に追われ、研究時間も激減した。

水光氏は「本当の研究は独創性のある非常識なことを行うこと」と考えている。しかし、冒険的なことはできない環境になり、独創性のある研究は生まれにくくなった。大学の研究力は一〇年前に比べ「衰えた」というのが実感だという。

国から独立することで大学の自由度が増し、学長の裁量で研究や教育に特色を出せる――。法人化にはそんな期待が持たれていたが、同時に財源が削られ「型破りなことはできなかった」と振り返る。

国立大学法人化以降、国は予算をエサに国立大に対してトップダウンの大学改革を迫ってきた。科学技術政策においても、国が決めた重点分野に集中的に予算をつける「選択と集中」を進めている。

こうした政策を大学トップはどう評価しているのか。取材班は全八六国立大の学長・副学長を対象に一八年三～四月、記名式のアンケートを実施し、七二大学（回答率八三・七％）から回答を得た。東京大など一四大学は回答しなかった。政策への評価は留保する大学が多かったが、大学改革や科学技術政策における「選択と集中」には否定的な意見が目立った。

国は一六年度から、各大学の機能強化に対する取り組みを毎年評価し、その結果に基づいて運営費交付金を増減している。こうした国主導の大学改革について、一二校（一七％）が「評価しない」、一〇校（一四％）が「評価する」と回答した。四九校（六八％）は「どちらとも言えない」とした。

「評価する」とした大学は、

「学長のリーダーシップが発揮しやすい」（筑波技術大）

「大学ごとの特色が出始めている」（長崎大）

——など、改革の利点や成果を挙げた。

「評価しない」とした大学は、

「若手研究者・教員の任期のないポストでの採用が厳しくなってきた。結果的に、大学の教育力が低下してきているのでは」（和歌山大）

「外部資金を獲得するために費やす時間が増え、教育・研究の時間が減っている」（長岡技術科学大）

——など、資金面への言及が目立った。

「どちらとも言えない」とした大学からも、

「基盤的経費は年々削減されており、優秀な研究者の安定的雇用の確保や、研究者の独創的な

アイデアに基づく基礎研究を支えることが困難になっている」（大阪大）

「短期的な視野では評価されにくい、長期的な視点からイノベーションを起こすような研究がしにくくなっている」（三重大）

――などの声が上がった。

「法人化されたにもかかわらず、予算や国が設ける枠組みに縛られ、独立した運営ができていない」（大阪教育大）と、資金面の制約から国のコントロールが進んでいることをうかがわせる指摘もあった。

安倍政権の目玉政策のひとつで、二〇年度にスタートする「高等教育無償化」でも、政府は大学人事への干渉を強めようとしている。しかし、これには多くの大学が反対の意向を示した。無償化対象となる大学や短大・専門学校は、産業界のニーズも踏まえ「学問追究と実践的教育のバランスが取れている」学校とし、実務経験のある教員による授業科目が必要単位数の一割以上あることや、複数の理事を外部から任命することなどを要件にしたのだ。二〇年四月以降、住民税非課税世帯の子は、大学などの授業料や入学金を免除され、給付型の奨学金を受けることもできるようになるが、学校側に要件を設けることで生徒の進路選択の幅は狭められかねない。

こうした要件について、五二校（七二％）が反対と回答した。賛成は七校（一〇％）で、一三校は賛否を明らかにしなかった。

　反対と回答した大学は、

「外部人材が必要なことは自覚しているが、無償化の要件とするのは筋が通らない」（弘前大）

「教育の機会均等と大学改革は別の課題」（千葉大）

「大学の要件と実務経験者の活用は次元の異なる話」（福島大）

——など、無償化と要件の関連を疑問視する意見が多かった。

　また、地方大を中心に、

政府の無償化の要件への賛否

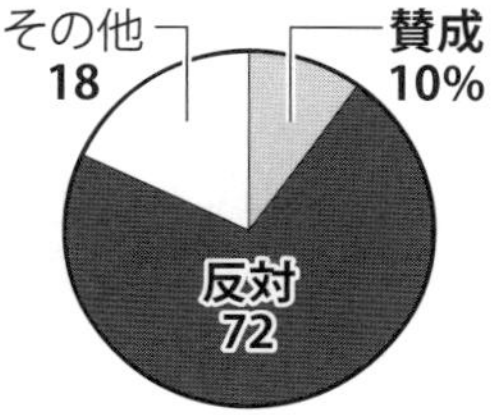

※86国立大学中72大学が回答

「実務経験があり、大学教員として十分な業績を有する人材は非常に限られる」（岩手大）

「本末転倒。理事として活躍できる外部人材がどれほどいるかも疑問」（広島大）

——と、人材確保を懸念する声が上がった。

　無償化の対象となる学校を限定することに対しては、

「機関に対して条件をつけることは、入学者に対し非常に不公平」

（和歌山大）
「結果的に学生が不利益を受ける可能性がある」（長崎大）
——との懸念も出た。
一方、賛成した大学は
「基礎力と実践力は車の両輪」（岐阜大）
「閉塞《へいそく》した環境を打破するためには有効な手段の一つ」（室蘭工業大）
——などを理由に挙げた。

科学技術政策の「選択と集中」については、「評価しない」の一六校（二二％）が「評価する」の四校（六％）を大幅に上回った。「どちらとも言えない」の五〇校（六九％）でも、正しい「選択」ができるか危惧したり、過度の「集中」を懸念したりする意見が多かった。
「大きなイノベーションを生み出すためには研究の多様性が重要。研究テーマを自由に選べる環境が必要不可欠」（千葉大）
「多様な研究分野でのアクティビティが担保されることが、イノベーションの原点となる。過度な絞り込みは科学技術の基盤を損ねる」（香川大）
「科学の歴史は、当初、予想もつかなかったところから、科学や技術の発展が起こったことを

示している」（琉球大）
――など、過度の「選択と集中」は、むしろ政府が求めるイノベーションを阻害するという意見が複数あった。
「すぐに成果に結びつく研究に対してのみ積極的な投資を行うことは、将来的な研究力の削減につながる」（横浜国立大）

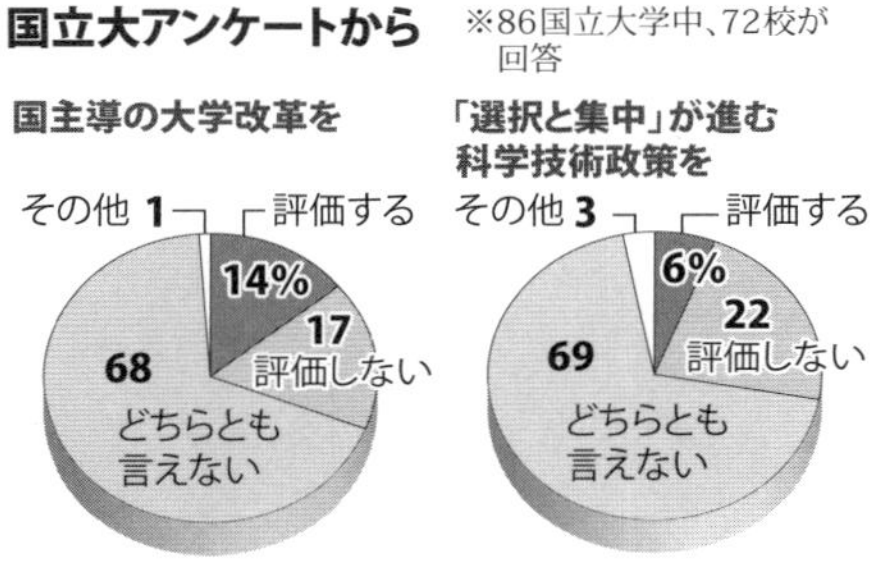

「日本が苦しくなってきた今こそ『急がば回れ』の精神を再認識すべきだ。『すぐに役立つ研究を』という意見は文部科学省が受け止め、基礎研究も重要であることを論理的に説明し論破すべきだ」（浜松医科大）
――と、強まる「出口志向」への苦言も出た。

「一〇年間で大学の研究力は上がったか」という問いに対しては、三二校（四四％）が「上がった」、一一校（一五％）が「衰えた」と回答した。二一校（二九％）は「変わらない」とした。
「上がった」と回答した大学は論文数が増えていることなど

を根拠に挙げたが、名古屋大は「世界の大学の伸びと比較し、相対的には厳しい状況」と回答した。

一方、「衰えた」大学が理由としたのが、教員数や研究時間の減少だ。

「運営費交付金が削減され、教員数が減り、教員一人当たりの論文数は大きな変化がないが、大学全体で合計すると下がった」（三重大）

「人、モノ、カネいずれも減少し、（研究力が）上がる要因がない」（高知大）

「研究者は研究資金の調達にエフォート（労力）の過半を費やしており、疲弊している」（電気通信大）

——など、切実な声もあった。

アンケートでは、苦しい財政状況の中、大学があの手この手で財源確保を図る現状も浮かび上がった。

山形大は一八年四月、理学部の天文台にネーミングライツを導入した。運営費交付金の削減で、天文台の整備を大学の資金だけでまかなうことが難しくなったことが導入のきっかけだ。半年がかりでスポンサー企業を探し、県内に生産拠点がある川崎市のメーカー「ニクニ」が賛同。三年間で三〇〇万円の契約金は、天文台の整備に充てる。

金沢大は寄付金付きの自動販売機をキャンパスに導入している。売り上げの一〇～五〇%を大学に寄付する契約を設置業者と結び、一七年度は計四七〇〇万円の寄付を得た。自販機には「売り上げの一部は大学の基金に寄付される」と明記されているが、価格は通常の販売価格と変わらない。寄付金は学生支援などに充てられている。

東北大はコピー用紙やガソリンなどを東北地方の他の国立大と共同調達している。大量購入して単価を抑えるためだ。職員健康診断や一般廃棄物収集も他大学と共同で実施しているという。研究室や実験室、共用スペースの利用者に課金する「スペースチャージ」制度を導入する大学も多い。一七年三月の文科省の調査では七六国立大が導入し、代金の九割以上を施設の維持管理費や修繕費に充てていた。

この「場所代徴収」は文科省も効果的な取り組みと評価し、カラー刷りのパンフレットまで作成して推奨しているが、ある大学教員は「存在するだけでお金が取られるというのは厳しい」と憤る。丸山文裕・広島大特任教授（高等教育財政）は、「少しでも大学の自己収入を増やすためにやむを得ない制度かもしれないが、研究の本質から外れている。研究をさせながらお金を取るのは不動産屋のようなものだ」と指摘する。

政府は第五期科学技術基本計画で、日本の研究力低下の要因に大学の「組織改革の遅れ」を挙げ、財務省は大学の教育・研究の質を評価して予算を増減させる割合をさらに高める検討をしている。自民党の高等教育改革部会は一八年五月、国立大の規模縮小などを求める提言をとりまとめた。産業界からもさらなる大学改革を求める圧力が強い。

こうした状況の中、成果が上がっている取り組みにも予算削減の波が押し寄せている。

全国の大学が共同で使える観測所や実験施設を文科省が認定し、予算配分する「共同利用・共同研究拠点」だ。文科省学術機関課によると、一〇年からの五年間の国内の論文数の伸びは全体で二%なのに対し、拠点を利用した研究グループでは五二%と段違いだ。

しかし、一八年度予算は前年度比で七%減った。同課の担当者は「成果は出ており、増額を求めたが、財務省から理解を得られなかった」と肩を落とす。

拠点の一つ、東京大宇宙線研究所の梶田隆章所長（一五年ノーベル物理学賞）は一八年二月に緊急記者会見し、「知恵を出し合い、協力し合う拠点まで（予算を）減らされるのは（研究の）土台を崩すようなもの。多様な共同研究が立ち行かなくなり、日本の研究力をさらに落としかねない」と訴えた。

将来が見えない博士たち

「人が何かを見たり、記憶したり、考えたりできるのが不思議で、その仕組みを明らかにしたいと思い、研究の道に進んだ。でも将来があまりに不透明で……」

取材に応じた関東地方の国立大に所属する三〇代の男性助教は、ふいに言葉を詰まらせた。男性助教は大学院で認知心理学を専攻し、錯覚や錯視について研究していた。博士号を取得した後、二つの研究機関で任期付き博士研究員（ポスドク）として計五年働いた。その後、一七年になってようやく現在のポストを得ることができたが、それもあと二年で任期が切れてしまうという。

ポスドクは通常、正規の研究職に就く前の修業期間と位置付けられている。だが、国内ではポスドクを何カ所か渡り歩いても、安定した職には就けない状況が続く場合も少なくない。

男性助教は決して、研究者としての実力が劣っているわけではない。

優れた若手研究者を支援する日本学術振興会の特別研究員に選ばれており、採択率が二五％程度という「狭き門」である文部科学省の科研費もずっと受けている。国際的な学術誌にも論文が掲載されるなど、自身でも「研究者としては平均以上だと思う」と語る通り、有望な若手研究者として着々と実績を積んでいる人物だ。

しかし、そんな優秀な研究者であっても、大学で正規の研究職を得られないのが今の日本だ。この男性助教の場合、約四〇回も応募したにもかかわらず、いずれも不採用になったという。

大学にはそもそもポストが少なく、地方大の場合でも、募集倍率は数十倍という難関だ。

博士課程修了者数と大学の教員採用数の推移

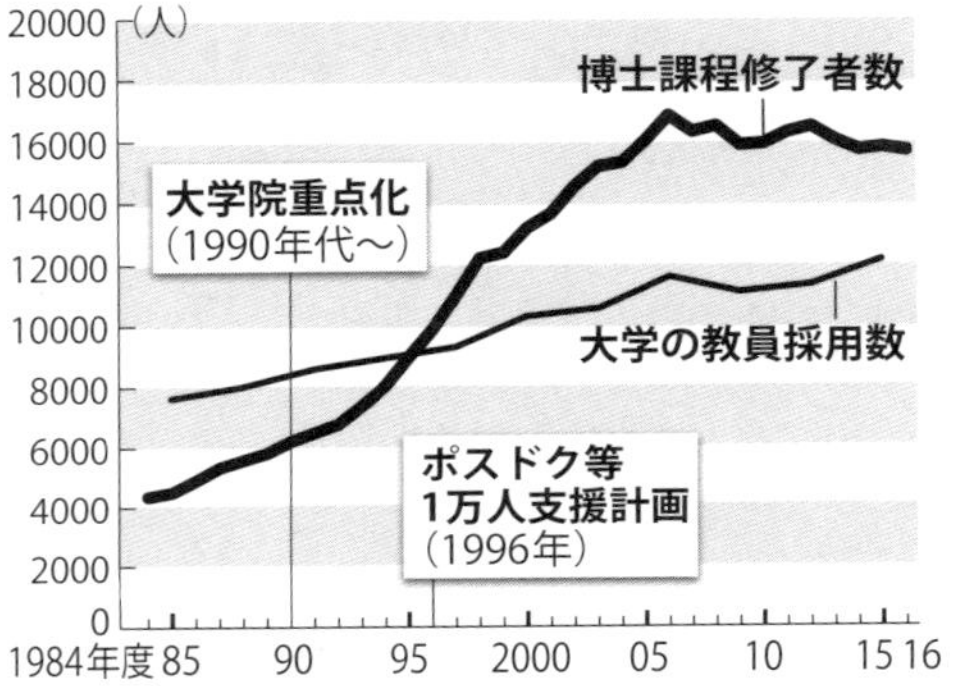

※文部科学省「学校基本調査」と「学校教員統計調査」を基に作成

男性助教が現在の職に就く前の年収は約四五〇万円。ポスドクの中では比較的高い方だったが、高校卒業後すぐに就職した友人よりも少なかった。

結婚願望はあるが、無職になった場合を考えると積極的にはなれない。気がつけば民間企業への就職も難しい年齢になった。深夜、就職活動のために履歴書を書きながらふと思う。

「もし将来、子供ができたとしても、研究者になることは勧めないな」

一九九〇年代、研究力向上をうたい、大学院の定員を増やす「大学院重点化」が東京大を皮切りに進んだ。

博士課程修了者は九〇年からの一〇年で倍以上に増え、近年は一万五〇〇〇人以上で推移している。だが、大学教員の新規採用数はその伸びに追いつかず、博士号を取得して大学教員へという進路からあふれるケースが増えた。

科学技術・学術政策研究所の調査では、〇九年度に三三・八歳だったポスドクの平均年齢は、一五年度には三六・三歳に上昇している。また、一一の大学を対象に同研究所が任期付き教員の割合を調べたところ、〇七年度に二五～二九歳で七〇％、三〇～三四歳で四九％、三五～三九歳で三五％だったが、一三年度にはそれぞれ七九％、七二％、五八％へと増えている。

政府は九六年に「ポストドクター等一万人支援計画」を打ち出したが、不安定雇用が続く状況を解消できていない。では企業へ就職できるかと言えば、日本企業は博士号取得者の採用に未だ消極的なところも少なくない。

こうした厳しい現状を受けて、博士課程進学者は〇三年度をピークに減少に転じた。「優秀な学生が博士課程に来ない」と、大学のみならず、日本の将来を危ぶむ大学関係者は多い。

あふれる才能がありながら、研究者の道に見切りをつけた人もいる。

千葉県で大型トレーラー運転手として働く佐藤和俊氏（三七）は、九八年、全国で初めて大学に「飛び入学」を果たした三人のうちの一人だ。才能ある人材をいち早く獲得して優秀な研究者に育てようと、千葉大工学部が初めて導入した制度だった。

大学の任期付き教員と任期なし教員の年代別割合

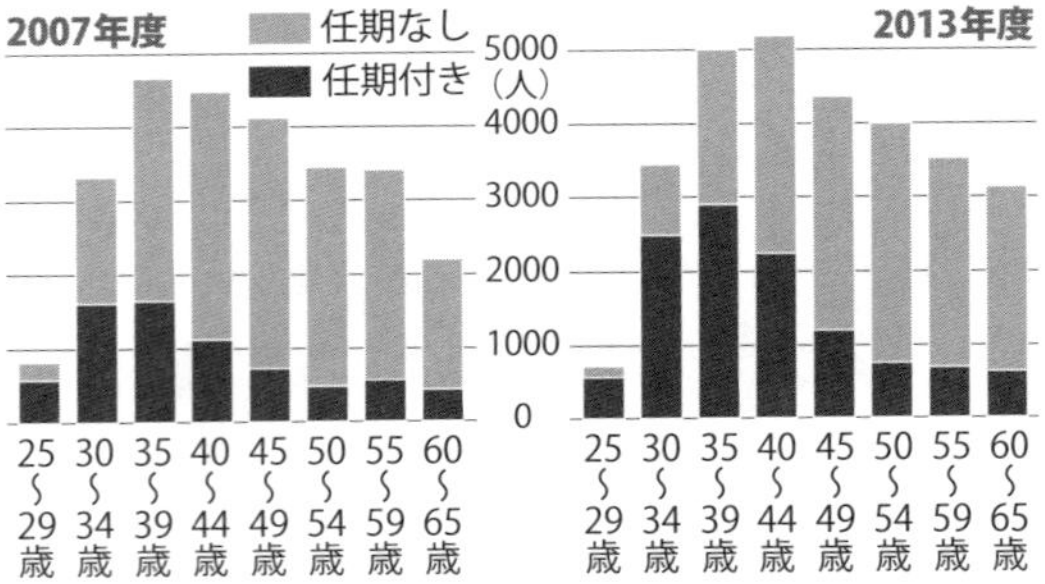

※科学技術・学術政策研究所「大学教員の雇用状況に関する調査」を基に作成。対象は北海道大、東北大、筑波大、東京大、早稲田大、慶応大、東京工業大、名古屋大、京都大、大阪大、九州大の11大学

一六歳で大学に合格した佐藤氏は、同大大学院で光を自在に操る結晶を研究し、順調に博士号を取得した後、この分野の研究をしていた仙台市の公益財団で一年契約のポスドクに採用された。

だが月給は額面で二二万円。学生結婚をしており、この時すでに長女もいた佐藤氏の生活は苦しかった。引っ越し費用や保険料、奨学金の返済がかさみ、銀行からの借金が必要になった。

「食べるものがない日もあった」(佐藤氏)ほどの窮乏生活が続いた。

結局、契約を更新せず、一年でポスドクを辞めた。

その後も千葉大の特任研究員や非常勤講師など、いずれも一年契約の研究職を転々とした。だが、年度末が近づくたびに「次回更新できなかったら、どうやって生活しようか」と不安に襲われていたという。

それでも物理学に対する情熱は捨てきれなかった佐藤氏だったが、一三年になると限界が訪れ、もともと好きだった車の運転の仕事で正社員になる道を選んだ。

「いい大学を出たのにもったいない」と同僚に言われることもあるというが、佐藤氏は淡々とこう語る。

「一年契約でも、何十回と更新できることが約束されていればいいのですが、現実はそうじゃない。生活が一番大事ですよね」

今は休日に市民向けの科学教室でボランティアをするのが楽しみだという。

博士就職難に変化の兆しも

「学位取得が最優先で、準備に手が回らなかった」。東京都内の私立大理工学部に任期付き博士研究員(ポスドク)として籍を置く男性(三二)は、一七〜一八年に経験した就職活動を振り返った。学部時代から続けていた研究は面白かったが、安定したポストを得にくい学術界に残ることには不安があった。博士号取得を目前にした一七年夏、企業への就職を決意。「年齢的に新卒と内定を競うのは難しい」と、中途採用を狙って転職サイトに登録した。

しかし、日中は研究や論文執筆に加え、研究室の後輩の指導に追われた。深夜や休日にエントリーシートを書き、数社に応募したが採用に至らなかった。博士号取得後はポスドクになったが、休職して就活に励み、一八年暮れにようやくＩＴ系企業に内定を得た。

文部科学省は、博士を科学技術イノベーションを担う人材と位置づけるが、企業は博士の採用には長い間消極的だった。文科省が一八年に公表した博士課程修了者の追跡調査では、一二年に企業に雇用された人は全体の約二八％にとどまり、一五年も約二五％と横ばいだった。就職難を背景に、博士課程進学者は〇三年度の約一万八〇〇〇人をピークに減少し、一七年度は約一万五〇〇〇人に減った。

就活サイトを運営する株式会社「アイプラグ」は、博士の採用が広がらない理由について「過去に採用実績がない企業では、扱いにくいといった博士人材への先入観があり、給与体系などの受け入れ態勢ができていない」「中小企業に、研究に精通している採用担当者がいない」などを挙げる。同社は企業側の「食わず嫌い」解消のため、研究内容や人柄を紹介する博士課程専用の就活サイトを設けた。

一方、ここに来て、企業の姿勢にも変化が出始めた。一八年一一月、東京都新宿区の早稲田大で、博士課程の学生とポスドク限定の就活セミナーが開かれ、企業一一社が参加した。学生たちは自分の研究内容のほか、趣味や特技、性格、長所などを書き込んだポスターを掲示し、その傍らに立って企業の担当者にアピールした。東京医科歯科大大学院博士二年の女子学生は「研究内容だけでなく、人となりを分かってもらえる良い機会」と話した。

参加したＩＴ企業「電通国際情報サービス」の採用担当者は「彼らが説明してくれる研究内容や専門知識の豊富さは高レベル。学習する力、高い水準でアウトプットする力が鍛えられていると感じた」と手応えを感じた様子だった。

「海外企業の研究者は博士号を持っているのが当たり前。対等に渡り合うには博士人材の確保が必要だ」と話すのは、スリーエムジャパン人事本部の朝岡淳マネジャーだ。同社は三年前から博士を積極的に採用しているが、他社でも博士人材の初任給を上げるなど、獲得に乗り出す傾向があるという。

「企業に就職したいと考える科学技術系の博士課程の学生は年間一三〇〇人ほど。今後は奪い合いになっていくだろう」（朝岡氏）

野村証券は一八年度、博士課程の在籍者限定で、入社時期を学生自身が決められる「野村パスポート」制度を導入した。研究と就活の両立に悩む博士課程の学生の声を受けて創設した制度で、自分の好きなタイミングで入社できるため、博士号取得まで研究に注力できる。

「博士人材は分析力、問題解決力に優れている。特にニーズの高い情報科学分野などで、専門性の高い優秀な学生を採用したい」（野村証券）

早稲田大で理工学分野の五年一貫制博士課程の教育に取り組む朝日透教授は次のように語る。

「社会の将来の課題が見通しにくい中で、どのように成果を出すかという方法論や知識を社会に役立てられる人材が求められるようになり、企業の採用方針も変わってきた。博士人材が高く評価される時代になってきている」

グローバルな舞台で優秀な若者の奪い合いが繰り広げられる昨今、日本企業復活の第一歩は、世界水準の採用システムを築くことではないだろうか。

ブラック化する研究現場

不安定な雇用を背景に、上司からの嫌がらせや、過酷な研究業務に苦しむポスドクも少なくない。

「私が教授になれば、君を雇ってやる」

関西の大学医学部に助教として勤める四〇代の男性は、ポスドクだった一〇年ほど前、当時の上司だった准教授の口約束を信じ、実験に没頭していた。男性の努力は実を結び、神経細胞の形成に関わる新しい分子を発見。国際的な学術誌に論文が掲載され、脊髄《せきずい》損傷の治療にもつながる成果として注目された。

指導した上司の准教授に対する周囲の評価も上がり、准教授は晴れて教授に就任することが決まった。だが、何かしらのポストをもらえると期待していた男性に、上司は思いもよらない一言を発した。

「申し訳ない。ポストがない」

しかも、男性がライフワークにしようと考えていた新分子の研究まで、教授となった上司に奪われてしまった。

男性はポスドクとしての任期が切れると、企業の研究所などを三カ所も転々とすることになった。そのいずれもが三～五年の有期雇用だった。

二年前にようやくある研究室で任期のない助教の職を得ることができたが、再び予想外の問題が発生する。研究室の過去の実験データに不審な点があるのに気付き、それを指摘したところ、教授から「やめてもらっていい」と怒鳴られたのだ。

現在、男性は再び企業の研究所に戻ることも視野に入れ、転職先を探している。


四〇代前半の女性研究者は、かつてポスドクとして在籍した国立大の医学系研究室で、男性上司の日常的なセクハラに悩まされた。

教授に相談しても口頭で注意するだけ。結局その男性上司が移籍するまで、セクハラは続いたという。

「非正規雇用のポスドクと、終身雇用の上司では立場が圧倒的に違う。セクハラに対して仮に抵抗したところで、良い結果にはならない。かといって訴え出る場もない」

女性研究者はそう諦め交じりに話す。

職場では、午前二時まで一四時間連続で勤務することも珍しくなかった。妊娠中でも午前〇時まで実験する日々が続き、出産時も、退院の数日後から教授との業務メールを再開し、授乳しながら論文を書いた。同僚の中には、週末、赤ちゃんをおぶって実験していた女性もいる。「世界との激しい研究競争がある以上は、ごく普通のこと」。彼女はそう振り返りつつ、「後輩のために、もう少し働きやすい環境を作りたい」と、待遇改善も願う。

ある年の二月、女性研究者は大学の事務から、ポスドクとしての雇用が年度末に打ち切られることを知らされた。一年契約を更新しながら、五年以上勤務していた。

驚いて教授に確認すると、雇用打ち切りをあっさり認めた。

「資金がない以上はどうすることもできない」

教授がぎりぎりまで金策に走り回っていたことは知っていた。責める気持ちにはなれなかったが、「もっと早く言ってほしかった」と思わずにはいられなかった。幸い、知り合いの研究者がポスドクとして雇ってくれ、キャリアの中断は避けることができた。

日米でポスドク経験のある鳥居啓子・米ワシントン大卓越教授(植物科学)は次のように話す。

「ポスドクは研究者としてのキャリアを築く重要な訓練期間であるとともに労働者でもある。その点をきちんと踏まえて、ポスドクの身分と福利厚生を明確化すべき時期ではないか。大学教員を評価する際に、その教員が過去に雇用した全ポスドクが、その後どのような役職についているかを評価することも効果的だろう」

研究者就職システム　世界から遅れ

研究者の雇用を巡っては、日本の大学などでは着任までの立場が極めて不安定で条件交渉もできないなど、国際標準の雇用システムとかけ離れているという指摘もある。世界が優秀な研究者の獲得にしのぎを削る中、このままで良いのだろうか。

東京大でも、研究者の立場の弱さを浮き彫りにするような事例があった。教授採用の内定の連絡を受けながら突然取り消されたとする研究者が大学側を提訴し、二年近い係争の末、東大が謝罪するなどの項目を盛り込んだ和解が一九年二月に成立したのだ。

裁判資料などによると、藤田医科大（愛知県豊明市）の宮川剛教授（脳科学）は一六年一二月、母校の東大大学院総合文化研究科の教授職公募に応じた。科の人事委員会の面接を受けた一七年一月上旬、同じ日のうちに委員長の教授から電話があり、採用が決定し、着任は一七年六月初めの見込みだと伝えられた。

「来てくださいますよね」と聞かれ、宮川氏は「もちろん、喜んで」と即答、メールでも同様の通知を受けた。

一七年一月下旬には、宮川氏が東大を訪問。研究室を見学して室内を採寸し、人事委員長から複数の教職員に、定年退任した教授の「後任」と紹介され、着任後に担当する講義の時間割も手渡された。教科書も送られ、「六月一日に着任してほしい」とメールも届いた。

しかし二月中旬、委員長から「選考を白紙に戻す、という判断に至りました」とメールで突然、知らされた。一月末に宮川氏が「クロスアポイントメント」という制度で両大学の教授職の兼任を提案したのが理由だった。

これは研究者が複数の大学や研究機関、企業と雇用契約を結び、研究や教育活動を行う制度で、給与は勤務割合に応じ各雇用機関が負担する。欧米では一般的で、東大は一三年四月に導入、日本も第五期科学技術基本計画で積極的な活用を求めている。

委員長は宮川氏に、委員会を再招集して議論した結果、教務や入試、雑務など業務の多さなどから「両者にとって不幸な結果になるのでは、との意見が多数だった」などとメールで説明したという。

すでに家族や大学の上司、研究室のメンバーに移籍を伝え、準備を始めていた宮川氏は驚き、制度の利用はあくまで提案であり、当初の合意通り藤田医科大では非常勤の客員教授として兼任することで問題ないと伝えた。しかし判断は覆らず、委員長らへの面会すらもかなわなかった。

宮川氏が教授職の地位確認を求めた東京地裁の訴訟で、東大側は、宮川氏を「最終候補者」に過ぎず、教授会を経て着任日以降に学長が任命するまで雇用契約は成立しないと主張した。また、人事委員会は不都合があれば決定を撤回できるとした。通知した着任日は採用の場合の「勤務開始見込み日」で、家族らに移籍を伝えたのは「重大な過失」であるとも主張した。

和解には、採用されなかったのは東大側の都合だった、人事選考関係者の「不適切な対応」で多大な迷惑を掛け、心痛を与えたことを東大側が謝罪する、今後は教授会による承認から発令日まで十分な時間的余裕を確保し、候補者の地位が不安定化することで生じうる不利益を低減する措置をとる――などの条項が盛り込まれた。ただし、東大の教授職を得るという宮川氏の希望はかなわなかった。

東大同研究科は「和解条項で相手方に不利益な言動をしないと互いに誓約している」として取材に応じず、損害賠償の有無も答えなかった。

宮川氏は「日本の多くの大学では、雇用される側は圧倒的に立場が弱い。研究者にも家族や生活があり、引っ越しを伴う移籍では相応の準備や手続きが必要だ。内定通知書を出し、条件交渉も認めるなど、研究者を生身の人間として扱う仕組みに改善してほしい」と話す。

労働問題に詳しい佐々木亮弁護士は「一般的には採用するとの前提で賃金や業務内容、業務の開始日を示された時点で内定といえ、労働契約が成立する」と指摘。「勤務開始後でないと契約が成り立たないという考え方はあり得ないし、それでは労働者の地位があまりに不安定になる」と話す。

実際に働き始めるまで給与額は不明で交渉も不可能。研究室の設置や引っ越しにかかる費用が出ないのも一般的――。宮川氏のケース以外にも、多くの研究者がこうした日本の大学の採用プロセスや慣習を疑問視し、「国際標準からかけ離れている」と指摘している。

米国の大学に籍を置く複数の日本人研究者によると、米国では採用時の条件交渉は当たり前だ。最終候補者には給与や福利厚生を含む詳細な雇用条件が記載された内定通知書が届き、交渉のたたき台となる。もし複数の大学から内定を受けたら、片方の条件を示して「本命」からより良い条件を引き出す交渉も許される。

獲得競争も激しく、給与は市場原理で優秀な人材ほど高い。引き抜きも多く、破格の給与や住居手当などの好条件が示され、配偶者が研究者なら「同時引き抜き」も珍しくないという。

一方、国内の四〇代の公立大准教授は「日本では待遇は着任まで分からないのが普通だ。募集要項には書いていないし、面接で聞くと不利になると言われている」と証言。宮川氏のケースでも公募要領に「東京大学規則により、経歴等により決定」とあるだけで、面接時などに説明はなかったという。

日本の大学の採用プロセスは「海外にいる研究者にとって不利」という声も上がる。多くの大学で電子媒体での応募を認めず、応募者に履歴書や論文など大量の書類の郵送を求める上、書類審査で通っても、面接のために自費で帰国しなければならないからだ。

四〇代の私立大教授は、海外で任期付き博士研究員（ポスドク）だったころ、ある私立大のポストに応募した。一週間後までに帰国して面接を受けるようメールがあったが、旅行中で気付くのが遅れ、機会を逃した。「海外では通常、ウェブから応募でき、面接もポスドクならスカイプ（ビデオ通話可能なインターネット電話）の場合がほとんど。専任教員なら面接を兼ねた数日間のセミナーに呼ばれるが、費用は普通、大学持ちだ」と話す。

前出の四〇代公立大准教授も「海外組は書類審査での落選も多く、日本で教員職に就くには、一度帰国してポスドクなどをやる必要がある。海外にいる優秀な日本人が海外の大学に就職したり、研究業界から去ったりする状況に拍車をかけている」と憤る。

文部科学省も現状を問題視しており、海外の研究者の公募・面接は原則電子化するよう指導・助言している。

前出の鳥居啓子・米ワシントン大卓越教授は「研究者の流動化と国際化の促進、さらに優秀な人材獲得のためには、教員や研究者が安心して就職・移籍できる制度の整備が必要だ。大学教員が安心して研究に集中できる環境があってこそ、日本の研究力アップにつながる」と指摘する。

学会から離れる研究者

さて、第一章から見てきたように、日本の民間企業や大学の研究現場の多くは今、資金・体制の両面で厳しい環境に置かれている。その影響の一つが、「学会離れ」という現象だ。

取材班が、過去に科学技術振興機構が行った調査を参考に調べたところ、この十数年間で大学などの自然科学系の研究者数は増えたものの、主要学会の会員数は大幅に減少し、中には三割以上も減っている学会があることが明らかになった。会員が減った学会の割合も調査対象の約七割に達した。

エネルギー、環境、情報通信、材料、ライフサイエンス・臨床医学の五分野で主要四五学会に対し、〇四年と一八年の個人と法人の会員数を調査した。四一学会から回答を得て、両時点の会員数が揃って比較可能な三八学会を分析。機構が同じ四五学会の個人・法人の会員数を別の年で比較した報告を参考にした。

その結果、個人会員は、増加したのが七学会だったのに対し、減少は三一学会だった。このうちエネルギー・資源学会、日本環境化学会など七学会は三〇%以上も減っていた。また法人会員も三三学会で減少し、一三学会は三〇%以上の大幅減。増えたのは人工知能学会と日本統計学会だけだった。

個人会員が増えた七学会中四学会は医学系で、学会への所属や研修の受講が、専門医資格の取得条件になっているためとみられる。

総務省の統計によると、一八年の国内の自然科学系研究者数は約七九万二〇〇〇人で、〇四年の約七一万五〇〇〇人から一割増えた。所属する学会数を減らす研究者や企業が増えている傾向がうかがえる。

学会離れの主な理由に挙げられるのは、大学や民間の研究環境が変化してきていることだ。たとえば前身組織を含め一四〇年以上の伝統がある日本物理学会では、一九九九年末時点の約一万九一三〇人をピークに個人会員が毎年平均約一六〇人ずつ減少している。二〇一八年度まで学会の会計理事だった太田仁・神戸大教授（物性実験）によると、大学院生の会員数はこの二〇年間ほぼ横ばいで、減少分は主に大学教員だという。

大学教員が学会を退会するタイミングにはピークが二つある。一つは定年退職時だ。太田氏は「国からの運営費交付金の削減で多くの国立大学は人件費の削減を迫られ、定年退職者の補充をしていない。そのため、物理学の教員の全体数が減り、学会の会員数の減少にもつながっている」と説明する。

もう一つのピークは三〇代。大学が人件費削減で教員数を絞り、若手研究者が大学などで安定した職を得るのが困難な状況が続いている。このため期限付き雇用の教員が、民間企業への就職を機に退会するケースが多いと推測されるという。

また、多くの学会は、企業の動向を減少要因の一つに挙げる。

個人で一三%、法人で五〇%会員が減った電子情報通信学会の場合、〇四年時の個人会員の六割ほどを企業の研究者が占めた。同学会は「基礎研究に携わる企業の研究者が（製品化に近い）開発部門への異動などで減り、個人会員の減少につながっている」と分析する。

さらに、「ものづくり」を売り物にしてきた日本メーカーは近年、企業の課題を情報技術で解決する「ソリューションビジネス」へ軸足を移すところが増えた。大手電機メーカー・富士通のある研究者は「会社の事業内容が半導体などの研究開発からサービスへと変わり、学会に所属するメリットがなくなった。サービスの研究開発は特定の顧客向けが多く、学会での発表や論文には向かない」と話す。

学会費を会社ではなく個人に負担させる企業も多い。この研究者も、年間で約一万円を自前で払う。「メリットのない学会なら、財布の負担軽減のために退会してしまう人もいるかもしれない」

取材では、学会の会員減少が学会運営の基盤の会費収入に悪影響を及ぼし、さらに「学会離れ」を招くという「負の連鎖」につながっている兆候も見てとれた。

愛知教育大の星博幸教授（地質学）は一九年三月、所属していた九学会のうち一つを退会した。以前は電子版と紙の冊子の両方があった学会誌が、学会側のコスト削減で電子版に一本化されたにもかかわらず、年会費七〇〇〇円の値下げがなかったことが直接の理由だという。

国立大の運営を支える経費は国の運営費交付金削減で年々減り、研究者も厳しいコスト削減を強いられている。星氏は成果発表などの出張を含めて、年に一五〇万〜二〇〇万円を学会活動に費やしてきた。「これまでは関連があまりない学会でも所属して学会誌に論文を投稿していたが、重要性がそれほど高くない学会は将来的にはどんどん切っていくしかない」と話す。

「なぜ物理学会は赤字なの？」会員減少の続く日本物理学会は一八年一一月発行の学会誌で、こんなタイトルの「巻頭言」を掲載した。会員減少で慢性的な赤字が続く苦しい台所事情を説明し、毎年春と秋に開いている大会の参加登録費値上げなどへの理解を求めた。

巻頭言を執筆した前出の太田仁・神戸大教授によると、一五年の会費収入は〇〇年に比べ約三〇〇〇万円減った。その一方で支出は増加し、年間数百万〜数千万円の赤字が続いているという。

支出の増加には、幾つか要因がある。まず、国立大学の法人化により、以前は大会開催時に無料で使えた大学施設に、数百万円の使用料がかかるようになった。また、高校生が参加できる大会中のジュニアセッションや、市民公開講座、男女共同参画など社会的事業が拡大している。太田氏は「社会的事業は大切だが、やればやるほど赤字になるのが現状だ」と明かす。英文の学術誌発行も学会の重要な活動だが、海外の大手出版社に対抗するため研究者からもらう投稿料を無料にせざるを得ず、財政的に重荷になっているという。

学会には、学術集会で研究者の議論や交流を促し、学術誌を発行することなどで成果を共有し、研究全体の発展を促す役割がある。会員数が減って活動が弱まれば、研究活動への悪影響も懸念される。

太田氏も日本物理学会について「少子高齢化の影響もあり、次の二〇年間も同じペースで減っていくことは明らか。このままでは、この分野で国際的に日本の地盤沈下が避けられない」と憂える。

ただし、学会側にも課題がないとは言えないようだ。科学技術振興機構の調査を担当した島津博基・研究開発戦略センターフェローは「学会が、最先端の研究の動向を捉えたり、発表したりするのにふさわしい場ではなくなっているのかもしれない」と指摘する。

生命科学など動きの速い分野では、若手や中堅の研究者を中心に、学会とは別のネットワークを作って交流するケースも多いという。島津氏は「(研究の)変化に学会は追いついていけていないのではないか」と危惧する。

個人会員数が減った学会
(2018年と2004年比で減少率が大きい順)

エネルギー・資源学会	(▼43.4%)
日本環境化学会	(▼42.2%)
廃棄物資源循環学会	(▼41.7%)
計測自動制御学会	(▼34.7%)
日本分析化学会	(▼34.3%)

個人会員数が増えた学会
(2018年と2004年比で増加率が大きい順)

人工知能学会	(63.7%)
日本感染症学会	(30.1%)
日本循環器学会	(23.8%)
日本糖尿病学会	(20.4%)
日本生態学会	(7.6%)

※取材班の調査に基づき作成

いずれにしても、大学の研究現場が疲弊し、アカデミア全体も活力を失いつつあるのは間違いない。政府が、大学にイノベーションの種にもなる新たな知を生み出してほしいと本当に望むなら、まずは行き過ぎた「選択と集中」と、大学や個々の研究者に強いている過剰な競争こそが研究力低下の要因であると認め、方針を転換すべきではないだろうか。

インタビュー

「『選択と集中』、大事なものを見失う」

――黒木登志夫・元岐阜大学長

――〇四年の法人化を挟んで〇一年から七年間、岐阜大学の学長を務められました。その経験から法人化の影響をどうみますか?

たとえば大学病院が赤字でも平気だった法人化前に比べ、教員の意識改革が進み、活性化したのは間違いない。その意味では法人化して良かった。

一方で、財政的にはどんどん厳しくなった。財務省は、運営費交付金が減ってもトータルで国から出すお金は増えているというのだが、増えた分は結局、東京大のような大きい大学が取っていく。小さい大学は外部資金を獲得しにくいので、格差が拡大している。国際的にみても日本の大学間格差は大きい。個々の大学は一生懸命やっているが、個性や独自性を持てと言われても難しい状況だ。任期付きのポジションが増え、雇用も非常に不安定になった。

――地方大の役割とは?

たとえ規模は小さくとも、医学部は地域医療を、教育学部は教員養成を、工学部は地域産業を、農学部は農業生産をそれぞれ担い、地域の期待に応えている。なかなか目立たないが、本当に基礎の、将来大化けするかもしれない研究に取り組んでいる人もいる。

財務省の言い分を聞いていると、改革できなくて財務的にも厳しいところはもうつぶれてしまえばいいというような雰囲気を感じるが、全都道府県に国立大があるというのはすごく大事なことだ。

――日本の研究力衰退の最大の原因は何でしょうか？

（公的研究費の）「選択と集中」だと思う。特定の部門では研究費がたっぷりあり、そこは伸びているが、その一方で多様性がなくなっていることが最大の問題だ。

ノーベル賞の受賞者で一番多いのは、誰も重要だと気付いていなかったことを発見し、それが後に大きく発展するタイプ。たとえば（一六年のノーベル医学生理学賞を受賞した）大隅良典先生（東京工業大栄誉教授）のオートファジーの研究も、最初は誰も価値が分からなかった。皆が応用に目が向いてしまうと、そうした将来のノーベル賞になるような研究の芽は摘まれてしまう。

多様性が大事なのは、自然と社会そのものが多様だからだ。将来大化けするような研究をしようとすれば、多様性の中に隠れている何かを探さねばならない。そのような気の長い研究をできるのは大学だけ。「選択と集中」で効率の良い研究だけが大事だと思っていると、本当に大事なものを見失うことになる。

——財務省などは大学の改革が足りないと主張しています。

定常的な予算と外部から獲得する資金のバランスが崩れ、ある時点で質的な変化をもたらした。大学から個々の研究者に配分される予算は光熱費にも足りない。実験機器が壊れたら直すこともできない。一方的に大学が悪いんだと言っても、もう解決できないところまできている。大学は相当な改革をしてきている。財務省の人は、上から目線ではなく、ちゃんと大学に来て現実を見てほしい。大学と一緒に考えなければ、すでに手遅れかもしれないこの大変な時期を乗り越えられないのではないか。

くろき・としお　東北大医学部卒。東京大教授、岐阜大学長などを歴任。東京大名誉教授。日本学術振興会学術システム研究センター顧問。世界トップレベル研究拠点アカデミー・ディレクター。著書

に大学法人化の現場を描いた「落下傘学長奮闘記」（中公新書ラクレ）など。

インタビュー

「大学が民間資金を獲得して種まきを」――上山隆大・元政策研究大学院大副学長

――日本の研究力低下の要因は？

カネ、時間、組織など複雑だが、背景の事情は日本に限った話ではない。世界では特に八〇年代から先端研究が商業的利益を生むようになり、「人類知に資する研究活動」と「私的な企業活動」の線引きが曖昧になった。税金の使途として公的支援一辺倒ではいかなくなり、民間資金が混ざるようになった。米国はそのミックスに成功し、多くの大学発ベンチャーが生まれた。英国も公的資金を削り、厳密な業績評価による競争環境を作った。一方、日本は〇四年度に国立大を法人化して民間要素の導入を試みたが中途半端だった。大学経営や自治のあり方、学長の選び方などにメスが入らなかった。

――法人化が国立大を疲弊させたという声がありますが？

運営費交付金を毎年一％減らして競争的資金に向けた結果、地方の国立大が疲弊したのは確かだ。地方大は競争的資金を獲得しにくい。民間資金もエリート大に流れ、格差は広がった。地方にもっと競争的資金を回す制度設計があり得たはずだ。一方、エリート大が疲弊しているとすれば、集めた競争的資金を使うための事務作業に追われているからだ。何に疲弊しているか見極めが必要だ。

――「選択と集中」の弊害も指摘されます。

選択と集中が問題なのは、その判断を政府がやるからだ。それでは本当の競争は生まれない。本来は大学自身がすべきだ。たとえば、東京大を出た研究者が農業の研究を深めたいと思えば北海道大農学部に行きたくなるような独自カリキュラムを北大が持つ。今はエリート大一極集中で人材の流動もない。多様性を生む競争環境を作ること以外、答えはない。

――研究予算総額を増やす選択肢はありませんか？

少子高齢化で社会全体が縮小する中、研究予算だけが増えるはずがない。「増やせ」としか言わないのは無責任だ。今後は民間資金で補うしかなく、エリート大には民間資金を取ってもらう。他方で公的資金は地方大に回す。仮に東大や京大の運営費交付金を三〇％削り、地方大に回せば状況は一変する。国が全ての大学を護送船団のように抱えていては事態は改善しない。

――民間資金を増やす手立てはありますか？

まずは個人寄付が大学に入りやすい税制を作る。富裕高齢者層の遺贈は寄付の一大マーケットになり得る。昔は大学の余った運営費で将来の芽を育てる「種まき」ができたが、もはや無理だ。大学が民間資金を取って種まきに回し、基礎研究を育てていけるようにしなければならない。

うえやま・たかひろ　内閣府総合科学技術・イノベーション会議議員。米スタンフォード大大学院修了。専門は科学技術政策。

インタビュー

「研究力衰退の原因は予算削限ではない」

――神田眞人・財務省主計局次長

――日本の研究開発力の衰退が指摘されて久しい。要因をどう分析しますか?

衰退は事実で、深刻に危惧している。財政支出の減少を要因に挙げる方が多いが、日本の科学技術予算は国内総生産(GDP)比や実額で見て主要先進国と遜色《そんしょく》なく、特に(研究経費を免税する)研究開発減税を含めると米国とも同じ水準だ。多額の血税投入が成果に結び付いていない。

たとえば日本とドイツの高等教育部門での研究開発費の総額は同水準だが、被引用数が世界で上位一%に入る日本発の論文はドイツの半分しかない。質の高い研究一件に倍のお金がかかっているわけだ。低い生産性の背景にあるのは、日本の研究現場の開放性や流動性、国際性、多様性の乏しさがもたらす活力や進取性の欠如だろう。

――国立大法人化後、運営費交付金が年々削減されたことなどにより、地方大の研究現場を中心に基盤的経費が不足し、研究や教育に悪影響が出ているという声や、大学間格差が広がり、固定化したという声があります。

運営費交付金は、退職手当の減少などの特殊要因を除くと、〇四年から一六年までで三八二億円減っているが、研究教育活動への補助金などはその間に一〇〇八億円増えた。総額は六二六億円も増えているのだから、大学内の分配の問題が大きい。地方大が不利だというのも誤解だ。同時期の財政支出をみると、増加率の高い上位一〇校はほとんどが地方大で、うち八校は一割以上伸びている。

横並びで既得権を保証するのではなく、メリハリを強化して、地方であっても、国際競争力があるところ、質の高い教育・研究をしているところを今まで以上に支援していく。それが納税者への説明責任を果たすことにもなる。科学者は貴族ではないのだから、適切な評価の下、努力と成果が報われる方が正しいインセンティブだ。

――インパクト（革新的研究開発推進プログラム）やSIP（戦略的イノベーション創造プログラム）など、近年、内閣府主導の大型研究開発プログラムが増えています。限られた公的資金の中で出口志向の大型事業が増えることには批判の声もあります。

厳しい国際競争の下、社会実装に近い研究開発も、真理を探究する基礎研究とともに必要だが、インパクトやSIPには批判も少なくない。中には商品化に近く、本来、市場競争の中で企業が自分でやるような話なのに、血税にフリーライド（ただ乗り）しているものもあるとの指摘がある。SIPでは公募が形骸化していて適切な優先順位付けができていない、あるいはインパクトで十分な根拠がないまま成果を発表するという問題も起きた。これらは我々としても是正を求めていく。

一方、破綻した高速増殖原型炉「もんじゅ」のような長期の大型プロジェクトには、着手時の所要額は低いが、後半にかけて大きく予算が増加するものもあり、採択時には慎重な検討と厳しい優先順位付けが必要だ。学術界での科学的吟味が重要であり、学術界には、どの計画が人類にとってより必要なのか、成果の可能性はどの程度なのか、合理化で支出は減らせないのかなどをしっかり評価してほしいと期待している。

かんだ・まさと　東京大法学部卒。英オックスフォード大大学院修了（経済学）。財務省大臣官房秘書課企画官、同省主計局主計官などを経て一七年から主計局次長（取材時。一九年七月から総括審議官）。経済協力開発機構（ＯＥＣＤ）コーポレートガバナンス委員会議長。

インタビュー

「効率化優先　現場は疲弊」

――山極寿一・京都大学長

――日本の研究力の現状をどうみますか？

中国などが力をつける中、相対的に衰えているのは明らかだ。原因は研究者数と研究時間の減少に尽きる。研究予算総額を増やすか、競争的資金に偏っている資金配分のバランスを見直すしか解決策はない。財政危機の中、国は「今の予算枠内で使い方を効率化しろ」とばかり言うが、現場を理解しているとは言い難い。

――研究力低下の背景は？

政府と産業界と大学に戦略のミスマッチが生じている。九〇年以降、国はさまざまな「大学改革」をしてきた。多くの大学で教養課程廃止を招いた九一年の「大学設置基準大綱化」、大学院を重視した「大学院重点化」、博士を増やす「ポストドクター等一万人支援計画」などだ。しかし、産業界は連動しなかった。企業は相変わらず学部新卒者を一括採用し、博士を優遇しなかった。近年、国際競争の激化で企業が社員教育や基礎・応用研究に金を出せなくなり、全てを大学に丸投げした。それなのに国は〇四年度の国立大法人化と同時に国立大の運営費交付金削減を断行、一二年間で約一五〇〇億円が減り、大学は疲弊した。

国は競争的資金を増やして予算総額を維持しようとするが、競争的資金獲得には実績が必要で、誰もやっていない常識破りの研究に手を出しにくくなった。

――国による「選択と集中」が強まっています。

国も産業界も「このままでは周回遅れになる」と危機感を口にする。しかし、そう言って大型研究予算が付くのは、自動運転やスマート農業などの狭いテーマだ。もちろん、その分野の研究を実用化に結びつけるには良いだろう。だが、未来を見据えて本来すべきことは、日本学術会議を代表とする日本の研究者コミュニティーがどんな分野を有望視しているかを理解し、そこに金を付けることだ。

――「大学改革が遅れている」との批判もありますが？

英国や米国を指標にして日本の大学が遅れていると言うのはナンセンスだ。明治以来、日本の大学は欧米を理解しつつ独自の土壌を作り、その成果がようやく実り始めた。今また「欧米のように」という発想では、日本の大学はずっと欧米の二流大学並みにしかならない。国の大学改革はしっかりした方向性がない。

文部科学省は一六年度から、全国の国立大を「地域貢献型」「特定分野型」「世界水準型」の三つに分けたが、今度は一法人複数大の統廃合を言い出した。本音は数減らしだろうが、各国立大が四七都道府県で築いてきた地域の文化、経済、行政の中核としての役割をつぶして良いはずがない。

やまぎわ・じゅいち　一七年から日本学術会議会長。一九年六月までの二年間、国立大学協会の会長も務めた。京都大大学院修了。ゴリラ研究の第一人者。

第三章
「改革病」の源流を探る

前章では、最近二〇年ほどの間になされたさまざまな「改革」の下で研究現場が蝕《むしば》まれ、それと軌を一にするように日本の科学研究力が相対的に力を失っている現状を描いた。しかし、政府はなお締め付けを緩めようとはせず、トップダウンで「選択と集中」や成果主義を強めようとしている。病的なまでの「改革」志向はどこから来るのか。本章では科学技術政策の歴史をひもとき、その源流を探る。

「科学技術族」長老の嘆き

「わが国の科学技術は危機的状況にある。現状を放置すれば、世界の一流国から三流国に成り下がってしまう」

二〇一六年四月、首相官邸。厳しい表情で安倍首相に向き合っていたのは、尾身幸次・元科学技術担当相だ。尾身氏の傍らには、山中伸弥・京都大iPS細胞研究所長ら五人のノーベル賞科学者や榊原定征・経団連会長ら経済界のトップも同席していた。

尾身氏は、四兆円規模の科学技術予算を八〇〇〇億～九〇〇〇億円増額するよう求めた。安倍首相は「要望はよく分かりました。しっかりやります」と応じたという。

旧通商産業省(現経済産業省)の官僚出身で、財務相などを歴任した尾身氏は、自民党の

「科学技術族」の重鎮である。「カネにも票にもならない」（尾身氏）分野のため、科学技術に関心を示す政治家は多くない。その中で尾身氏は政界を引退した今でも、年に何度か首相官邸を訪ね、科学技術政策に関する申し入れを続けているという。

尾身氏らが中心となって一九九五年に議員立法で成立させた「科学技術基本法」は、政府が予算を確保して科学技術を振興することを規定したわが国初めての法律で、近年の科学技術政策の原点と言える。基本法の条文には「わが国の科学技術の水準の向上を図り、経済社会の発展と国民の福祉の向上に寄与する」とある。科学技術を経済発展に役立てるという発想が垣間見え、これは現在の政府が推し進める「イノベーション至上主義」の源流という見方もできる。

基本法ができた九五年は、バブル経済崩壊に始まる日本の「失われた二〇年」のさなかである。「メイド・イン・ジャパン」が世界を席巻し、「ジャパン・アズ・ナンバーワン」と呼ばれた隆盛からの転落が見えていた。同じ年、地下鉄サリン事件や阪神大震災が起こり、科学技術に対する信頼が揺らぐ一方、インターネットが普及し始め、ＩＴ（情報技術）という新たな産業が生まれる基盤ができつつあった時代でもある。

この法律が画期的だったのは、科学技術振興のため、政府に予算確保の努力を義務づけた点にある。尾身氏によると、法案を巡る折衝の場で旧大蔵省（現財務省）は急激な予算増額を警戒して慎重意見を出したといい、大蔵省を牽制するためにこの規定を盛り込んだのだという。

「世界が大きな変革期を迎える中、『日本の立て直しには科学技術創造立国しかない』というのが尾身さんの考えだった」と、旧科学技術庁（現文部科学省）ＯＢで、基本法の策定にも携わった有本建男・政策研究大学院大教授はこう証言する。

さらに、基本法に基づいて五年ごとに策定される「科学技術基本計画」には、日本の行政では前代未聞の項目が盛り込まれた。それは、基本計画の対象となる五年間の科学技術予算について、具体的な目標金額が書き込まれたことである。

日本の行政は毎年度ごとに予算を決め、一年の間に執行する「単年度主義」が取られている。基本法の「努力義務」に基づく投資目標とはいえ、五年も先まで含めた予算額を明記することは、将来にわたって財政支出を確約させられることにつながり、財務当局にとっては「掟破《おきてやぶ》り」だった。

実際、当時を知る財務官僚の一人は「（目標額は）どうしても書かせたくない数字だった」と明かす。大蔵省は激しく抵抗したが、尾身氏は一歩も引かなかった。大蔵省との折衝に同席した当時の科技庁幹部の一人は「尾身さんはひたすら『カネ（予算）だ』と。抵抗する大蔵省を政治力で押し切った」と振り返る。首相官邸が絶大な権力を持った現在と違い、当時は与党の力が強かったのである。

攻防の末、第一期科学技術基本計画（九六～〇〇年度）には、五年間の総額で一七兆円という政府の投資目標額が明記された。政府が閣議決定する計画に、複数年度にわたる予算目標額が書き込まれたのは、これが初めてだった。

「選択と集中」路線の始まり

続く第二期（〇一～〇五年度）には、第一期の一・四倍となる二四兆円というさらに野心的な投資目標が示された。これを後押ししたのは、産業界の要人だった。内閣の諮問《しもん》機関「科学技術会議」（現在の総合科学技術・イノベーション会議の前身）の委員だった前田勝之助・元東レ会長（故人）だ。

当時、政府の科学技術予算は国内総生産（ＧＤＰ）比で〇・六％だったが、前田氏は「欧米並みの一％に引き上げる」を持論に、大幅な増額を主張した。バブル崩壊後の不況で政府の財政事情は厳しく、大蔵省はもちろん、科学技術会議の中にすら慎重論があった。第二期基本計画の内容を議論する作業部会の席上、ある委員が「カネはないところにはないんだ」と発言すると、前田氏は激高して一喝したという。

「苦しいときにこそ、大きな目標を決めないといけない」

当時、科学技術会議の事務局に出向していた通産省ＯＢは「（財界人の）前田さんのあの発

主要国政府の科学技術予算の対GDP比率の推移

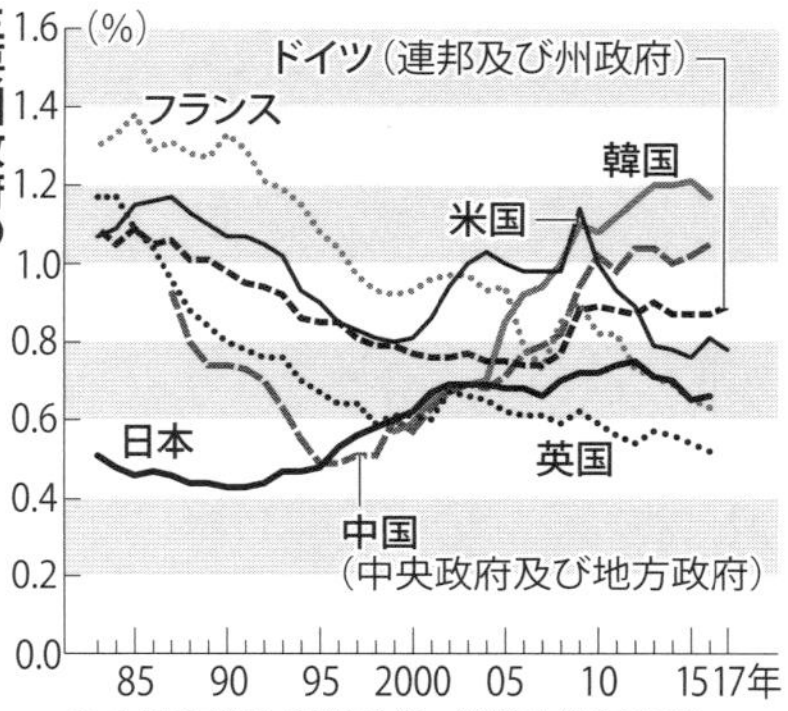

※文部科学省 科学技術・学術政策研究所、「科学技術指標2018」を基に作成

言で潮目が変わった。二四兆円にまで増やすというのは、役所の中の議論の積み上げではできない」と述懐する。

このとき策定された第二期計画には、生命科学や情報通信など特定の四分野に重点投資することが盛り込まれた。これは今に至る「選択と集中」路線の始まりと見ることもできるが、当時の意図はややニュアンスが違ったという。

科技庁OBの倉持隆雄・科学技術振興機構研究開発戦略センター長代理は「当初は、科学技術予算全体を底上げし、増えた分の投資を四つの重点分野に集中させるという意味だった。重点分野のために他の分野の予算を削るということではなかった」と明言する。

しかし、その目論みはもろくも崩れた。科学技術予算が基本計画の投資目標を達成できたのは、実は第一期だけで、第二期以降の実績は目標額を下回っている。安倍首相が尾身氏に請け合ったのとはうらはらに、文科省によると、一八年度の科学技術予算は、〇〇年度に比べわずか一〇％増えたに過ぎない。科学技術予算を大幅に増やしている中国や欧米諸国に比べ、日本の予算が伸び悩んでいるのは明白だ。

予算が増えない中、「改革」の名の下、競争的研究資金の割合が増え、「選択と集中」のかけ声によって特定分野への予算集中が進んでいる。その結果、特に大学の研究現場は、基盤的な予算まで削減され、存続すら危うい状況になっていることは前章で詳しく述べた。

「『選択と集中』なんてうそっぱちだ。予算を増やさないとだめだ。現状を一番よく知っている研究現場からもっと声を上げてほしい」。科学技術基本法の理念とはほど遠い現状に、法律の生みの親の尾身氏はいらだちを隠せない様子で訴えた後、寂しげにこうつぶやいた。

「日本の科学技術はどんどん弱くなっている。もはやガタガタだ。すでに三流国に成り下がってしまっているんだよ」

旧科技庁と大蔵省の知られざるバトル

科学技術予算を巡っては、旧科技庁や今の文科省が財務当局とたびたびバトルを繰り広げてきた。第二期科学技術基本計画で五年間の投資目標を前期の一・四倍にも増やす方策として、旧科技庁側が目論んだのは、基盤的な研究費を確保した上で、競争的研究資金を倍増させることだった。

文科省の科学研究費補助金（科研費）に代表される競争的研究資金は、研究者が研究計画を立てて申請し、審査で採択されれば獲得できる研究予算のことだ。科技庁側はこれを大幅に増やすと同時に、研究者が獲得した競争的研究資金の三割に当たる額を「間接経費」として研究者の所属機関に別途支給する制度の導入を提案した。

間接経費は、研究費を獲得した研究者の研究を支援するために、所属機関の環境整備や特許申請費用などに充てるお金のことである。所属する研究者が研究費を獲得すればするほど、所属機関も潤う仕組みで、米国を手本としたやり方だ。

科技庁の提案に、大蔵省は「大学の経費はブラックボックスだ。自らの足下すら見直さない大学が、間接経費でさらに収入を増やすのはおかしい」と真っ向から反対した。

当時の国立大学は、教官や学生の人数、講座の数などを基に自動的に算出される基盤経費を国費から支給されて運営されていた。この基盤経費は政府の特別会計から支出され、一種の「聖域」になっていた。研究や教育の成果とは無関係で、大蔵省側から見ると「競争原理の働かないブラックボックス」との不満が根強かった。

科技庁は文部省、通産省と特別チームを作って第二期科学技術基本計画策定に当たっていたが、大蔵省との間で激しい議論が交わされたという。交渉に当たったある科技庁ＯＢは、三割の間接経費導入と引き替えに、国立大学の基盤経費の全廃を大蔵省側から要求されたと明かす。「大蔵省から『基盤経費を廃止しろ』と交渉ではっきり言われた。『そんなことをしたら国立大学は終わりますよ』と全力で抵抗した」

一方、当時交渉にあたった財務官僚は大蔵省側の考え方をこう説明する。

「大学の基盤経費だからといって聖域にはできない。漫然とやっていてはいけない。成果が出ないものにまで一律にお金を配れば、全体が沈没してしまう」

結局、第二期計画では、科技庁側が求めた間接経費の導入が盛り込まれた一方、国立大学の基盤経費の全廃は見送られた。科技庁側が「何とか踏ん張った」（科技庁ＯＢ）形だが、大蔵省との交渉の落としどころとして「基盤経費のあり方を検討する」という文言が入った。

いったんは科技庁側の思惑通りに決着したかに見えたこの問題は、そのわずか三年後、国立大学法人化の際に再燃することになる。

「寝耳に水」の交付金削減

「私は賛成です。国立大学でも民営化できるところは民営化する、地方に譲るべきものは譲る、こういう視点が大事だ」

〇一年五月の参院本会議。民主党議員に「思い切って国立大民営化を目指すべきでは？」と問われた小泉純一郎首相の答弁に、議場は騒然となった。この答弁は、官僚が用意したペーパーにはない踏み込んだ内容だった。小泉氏は、この直前に行われた自民党総裁選の公約で、大学への競争原理導入を掲げていた。

「これは大変なことになる」

小泉氏の答弁を聞いた遠山敦子文科相は危機感を抱いたという。国立大が民営化されて、国費が投じられなくなれば、立ち行かなくなる大学が出るだろう。首相答弁から一カ月もたたないうちに、遠山氏は「遠山プラン」と呼ばれる国立大の構造改革の方針をまとめた。民営化の流れを食い止めるため、先手を打って国立大改革を進めようという腹づもりだった。

「国立大の再編・統合を大胆に進める（スクラップ・アンド・ビルドで活性化）」

「民間的発想の経営手法導入（『国立大学法人』に早期移行）」

「第三者評価による競争原理の導入（トップ三〇を世界最高水準に育成）」

小泉氏の好みに合わせてＡ４用紙一枚に簡潔にまとめられた「遠山プラン」の説明文書を手に、遠山氏は首相官邸に出向いて小泉氏を説得した。「安易に民営化となれば、辞表を出す覚悟だった」と遠山氏は述懐する。

「分かった」。小泉氏は最後にうなずいたという。

こうして民営化こそ回避されたものの、国立大法人化は「小泉構造改革」の目玉の一つとして位置づけられ、実現に向けて一気に加速していった。その二年後には国立大学法人法が国会で成立した。

しかし、翌春の法人化を目前にした〇三年秋、多くの国立大関係者にとっては「寝耳に水」の方針が政府から示された。法人化後、基盤経費の代わりに国から国立大に支出される運営費交付金を毎年削減するというのだ。「法人化すれば運営が効率化されるはず」というのが財務省の言い分だった。

前に述べた第二期科学技術基本計画（〇一〜〇五年度）を巡る議論で、国立大の基盤経費全廃を目論んで果たせなかった財務当局が逆襲した形だ。

「とてもじゃないが、話が違う」

この方針を聞いた国立大学協会の佐々木毅会長（当時、東京大学長）は顔色を変えた。それもそのはずで、成立した国立大学法人法には、「法人化前の公費投入額を踏まえ、従来以上に教育研究が確実に実施されるよう必要な額を確保する」という国会の付帯決議が付いていたからだ。財務省の運営費交付金削減方針は、この付帯決議に反する。

「これでは支出減らしの口実を作るためだけに国立大学法人法を作ったと自白するようなものだ」

政治学者の佐々木氏は翌年度の政府予算案の決定を間近に控えた同年一二月、全国の国立大の学長に「檄文《げきぶん》」を送り、運営費交付金削減方針の撤回に向けて学長自らそれぞれの地元選出の国会議員に働きかけるよう要請した。

国大協はさらに、全学長の総意として文科相に要望書を提出した。

「『はじめに経費削減ありき』の財政当局的発想が横溢《おういつ》するだけ」「実施するならば、学長指名の返上も念頭に置く」。要望書に並ぶ激烈な文章に、怒りと危機感がにじむ。

こうした大学側の抵抗が奏功し、最低限必要な教員の人件費は削減の対象外となったものの、法人化翌年の〇五年度以降、運営費交付金は毎年一％ずつ削減された。一六年度までに削減された総額は一四〇〇億円以上にもなる。

財務省は、教員の減少による退職手当の減少分などを除けば、実質的な減少額は三八二億円にとどまる一方、競争的資金などは一〇〇〇億円以上増やしたと説明する。だが、大学の裁量で比較的自由に使える運営費交付金の削減により、多くの国立大は体力を奪われ、その影響が研究や教育の現場に現れている。

さらに罪深いのは、運営費交付金の削減によって、大学の自主性が失われつつあることだ。そもそも国立大法人化の理念は、政府の管理から国立大を切り離し、学長の権限を強化して、各大学が個性を発揮して魅力あるキャンパスを作ることだったはずだ。しかし、運営費交付金が削減された結果、現実には、文科省が描く大学改革の方向性に予算面で政策誘導され、かえって中央のグリップが強まっているのだという。

佐々木氏は「自主性に応じたお金の使い方を認めて個性的な大学を作ろうというのが法人化の意図だったはずだが、実際には違った。法人化直後は『こういう大学にしよう』という熱気があったが、最近はなくなった」と話す。

一方で、法人化を巡る議論では、大学側にも甘さがあったことを佐々木氏は率直に認めている。

「政府の予算制度や政策で大学にどのような影響があるのか、法人化の段階では見通しが立っていなかった。法人化を巡る文科省との議論の中で、お金の話は一切出なかったが、今思えば異常だった」

法人化の青写真を描いた遠山氏は、運営費交付金削減方針が出る前の〇三年九月、内閣改造で文科相を退任したが、在任中に財務省側と「運営費交付金は絶対に減らさない」と約束したと明かし、次のように語った。

「運営費交付金は大学の基礎体力をつけるためのもので、いわば『ご飯』に当たる。それを削ることはあってはならないし、大きな政策上の失敗だ」

他方、遠山氏から文科相を引き継いだ河村建夫衆院議員は「文科省側は運営費交付金削減は考えていなかったが、財務省側から見れば法人化と交付金削減は表裏一体だと感じた」と振り返る。自民党の科学技術族の主要メンバーでもある河村氏は「当時は削減分は競争的研究費（の増額）で補おうと考えた」と言うが、近年の国立大の窮状については「由々しき問題で、内心、忸怩《じくじ》たる思いがある」と心境を吐露した。

インタビュー

「交付金維持は政府の義務」

――遠山敦子・元文部科学相

――〇一年、小泉純一郎首相（当時）が国会で「国立大の民営化に賛成する」と答弁した時の心境は？

国立大は「知の拠点」。民営化して国費をつぎ込まなくなれば崩れてしまう。日本の知的基盤が極めて脆弱《ぜいじゃく》になる。大問題になると思った。

――遠山プラン（国立大法人化を含む大学の構造改革の方針）を打ち出したのは、民営化を避けるためですか？

学術の基盤を崩してはいけないという危機感があった。それに、大学は本来、もっと自主的、自律的であるべきだと思っていた。それまで国立大は文部科学省の一付属機関だったが、国の組織の枠組みから外すことで、自主的、自律的に運営できるようにする。民営化ではなく、大きな構造改革として法人化しようと決断した。ただ、法人化の議論はすでに始まっていた。(遠山プランは)それを加速したが、大学人が全く知らない話を突然持ってきたわけではない。

――小泉首相は納得を?

安易に民営化となれば、辞表を出すつもりだった。決死の勢いで説明した。小泉さんも相手の本気度を見ていらっしゃる。最後は「分かった。それでやってくれ」と。

――法人化後、国立大の運営費交付金が削減されました。

とんでもないことで、絶対にやってはならない政策。大きな政策上の失敗だ。もともと少ない予算を削っては、大学人の意欲を失わせる。できるだけ早く元に戻してもらいたい。私は直接、財務省の人たちとも話し合い、「絶対に減らさない」という約束をした上で、大臣を辞めた。翌年、「減らされた」と聞いて愕然とした。国会で国立大学法人法が成立した際も「法人化前の公費投入額を十分に確保し、必要な運営費交付金等を措置するよう努める」と付帯決議が付いた。これは、政府が守らねばならない義務だ。

――財務省側は「国立大はお金の使い道も成果も分からない。効率化してほしい」という考えのようです。

大学自身もそれに明快に答えられていなかったのは問題だと思う。しかし、運営費交付金は基礎体力をつけるための、いわば「ご飯」だ。法人化直後から、必要な経費を（国立大への）不信感ゆえに削ってしまったのは大きな問題だ。ゆとりのないギシギシした中で「いい研究しなさい、実用的なことをしなさい」と言っても、もう体力がない。何でも「これは余分だろう」とカットしていったらダメだ。研究にはある程度、余裕も認めないといけない。効率、成果だけを求めるのでは、将来のともしびを消してしまうと思う。

とおやま・あつこ　東京大卒。文部省に入省し、文化庁長官、駐トルコ大使などを歴任。トヨタ財団理事長などを務めた。

法人化はなぜ必要だったのか

小泉政権（〇一〜〇六年）は「聖域なき構造改革」をスローガンに、行政に市場原理を持ち込み、新自由主義的な施策を断行した。「小さな政府」を指向し、道路公団や郵政の民営化、補助金や地方交付税などを含めた国と地方のあり方を見直す三位一体改革を推し進めた。

政策立案を官邸主導のトップダウン型に改めたのも特徴だ。与党内の議論を経ずに、首相の諮問機関が司令塔となって次々と政策を実現していく「政高党低」の手法は、現在の安倍政権にも引き継がれている。

小泉政権の司令塔の中でも大きな権限を握っていたのが、経済財政諮問会議である。一連の小泉構造改革を立案・推進し、毎年度の主要施策や予算編成の骨格となる「骨太の方針」も策定した。

小泉氏のブレーン役として改革の急先鋒となったのが、慶応大教授から入閣した竹中平蔵・経済財政担当相である。経済学者でもある竹中氏は改革の意義をこう語る。

「一番見えやすく、また、それが変わるといい効果がありそうだと期待を寄せられるもの、ボウリングでいえばセンターピンを倒すのが政策だ。『民間でできることは民間に』のセンターピンが郵政民営化だったとすれば、『大学改革』のセンターピンが国立大法人化だった」

大学政策や科学技術政策に経済財政諮問会議が介入することには批判もあったが、竹中氏は「大学や科学技術も聖域ではない、ということを示した。改革しなければならないという常識を堂々と言ったということだ」と意に介さない。

法人化後、運営費交付金が削減される一方で競争的資金が拡充され、大学間格差が広がったが、竹中氏はこの原因を「改革がまだ十分でないからだ」とみている。

「大学のマネジメント（経営管理）がまだ働いていない。制約のある財政の中で、どういう大学にしたいのか、そのビジョンを持てない大学は閉めるしかない」

こうした考え方は現政権にも受け継がれている。政府は一六年度から運営費交付金の一部を大学改革の達成度合いに応じて傾斜配分する仕組みを導入し、一九年度にはこの傾斜配分枠を交付金総額の約一割に当たる一〇〇〇億円にまで拡大した。国大協は反発しているが、予算をエサにした政策誘導はますます幅をきかせていきそうだ。

強まる国の圧力、広がる大学間格差

国の管理を離れ、「自主・自律」を目指したはずの国立大法人化だが、予算面の締め付けによってかえって国の支配は強まり、改革圧力も増している。学長経験者に聞いてみると、大学間格差が広がっているとの見方も多かった。

長尾真・元京都大学長（九七〜〇三年）は、国立大法人化と同時に導入された評価制度によって「大学が自由度を失い、萎縮した」とみている。国立大は法人化後、中期目標に基づき六年間の中期計画を立てる。それが達成できたかどうかが評価の対象となるが、長尾氏は「学長にとって大きなプレッシャーとなる。評価点を上げるための教育や研究をやることになり、のびのびとした新しい発想が出にくくなっている」と懸念する。研究力低下の一因であると同時に、そもそも目標を立てるべき項目は大学自身が定めるのではなく、文科省が決めているとあっては、法人化の理念とはほど遠い。

黒木登志夫・元岐阜大学長（〇一〜〇八年）も「予算を握られ、みんな文科省の顔色をうかがうのに一生懸命。何をするにも文科省にお伺いを立てなければならず、学長の裁量は狭まった」と、ほぼ同意見だ。

一方、大学間格差については、こんなデータがある。金子元久・筑波大特命教授のまとめによると、競争的資金や産学連携による企業からの研究費、寄付金などの独自収入が全収入に占める割合は、東京大などの旧帝大（七校）が〇八年度の二七％から五年間で三六％に伸びた一方、医学部を持たない総合大学（一〇校）はわずか二％弱で伸び悩んでいる。

田原博人・元宇都宮大学長（〇一～〇五年）は「産学連携で大きなカネが入るのは、大企業を相手にする大規模な大学に限られる。中小企業の多い地方大学にはあまり入ってこない」と話す。

法人化当時の国大協会長だった佐々木毅・元東大学長はこう語る。「今の大学教員は役所の要望への対応や研究費の調達に忙殺されている。言われたことをどうこなすかというような世界に変わってきたんじゃないか。法人化は、必ずしも成功とは言えない」

インタビュー

「大学は聖域ではない」

――竹中平蔵・元経済財政担当相

――小泉構造改革では大学改革にも乗り出しました。

〇四年の国立大法人化は本当に最初の一歩だ。残念なのは、その後ほとんど改革が進まなかったこと。科学技術が重要だということは誰もが認めているし、予算もそれなりに優遇されていた。それに見合った成果が出ているのかというのが問題だった。

――国立大法人化はなぜ必要だったのでしょうか？

大学全体を変えるにはトリガー（引き金）がいる。ボウリングのセンターピンが倒れると、何かいい効果が起きるのではないかという期待が出てくる。日本で一番大きなセンターピンが郵政民営化だったように、大学のセンターピンは法人化だった。

――経済財政諮問会議の果たした役割は何ですか？

首相直轄のトップダウンで議論が始まり、それが他の省庁の議論にも影響を及ぼした。大学は聖域ではなく、科学技術や研究費も聖域ではないことを示せた。もっと改革しなければいけないと堂々と言った。

――国立大の運営費交付金削減も念頭にありましたか？

それは財政上の必要性からだ。お金はたくさんある方がいいに決まっているが、財政には制約がある。法人化に続いて、運営費交付金の話も順番にやっていかなければならなかった。お金を削ることは必ずしも悪いことではない。かえって効率的な方法が見つかることもあるし、（改革への）プレッシャーをかけられる。お金を削らなければ、大学に危機感は生まれなかった。

――大学改革で足りていないこととは？

マネジメントがほとんど働いていない。マネジメントがきちんとしてくると、競争的資金を取るためにもっと頑張るが、現場にそういうインセンティブがない。今は「資金が減って困っている」と文句を言っているだけだ。基盤的経費をなぜ国からもらわなければいけないのか。自分で稼ぐ努力をしているのか。

――東京大の民営化を主張されています。

大学の中にもっと競争メカニズムを導入する。大学にお金がないというが、寄付をもらえばいい。東大はもっとお金を集められる。東大の土地を貸しビルやショッピングセンターにして、その上がりで研究すればどうか。

——大学間の格差が広がるのではないですか？

全部がトップの大学になれるわけではない。でも世界でトップを争う大学がないと、この国は大変なことになる。大学にはいろいろな役割がある。どういう大学にするのかというビジョンを持てない大学は閉めるしかない。

たけなか・へいぞう　一橋大卒。慶応大教授時代の〇一年、経済財政担当相として入閣。参議院議員一期。現在は東洋大教授。

東大はなぜ独り勝ちできたか

法人化と並行して進められた運営費交付金の削減に多くの大学が苦しむ中、「独り勝ち」とささやかれる大学もある。他でもない東大である。〇四年の法人化以降、一六年度までに国からの運営費交付金は一一四億六五〇〇万円も減少した。しかし、競争的資金の獲得や産学連携による民間企業からの委託研究費、寄付金などが大幅に増加しており、この間の東大の総収入は約四三六億円も増え、一頭地を抜いている。

そして、さらに東大を後押しする制度も創設された。

「産業の成長のために大学を活用するには、もっとスピーディーに改革しなければ」

「財源を多様化するため、大学が不動産や株式で稼げるような仕組みも必要だ」

一三年ごろ、文部科学省や経済産業省、財務省などの官僚らと、東大の改革を巡って議論を重ねる二人の東大教授の姿があった。現東大学長の五神《ごのかみ》真氏と物質・材料研究機構理事長を務める橋本和仁氏である。橋本氏は一三年、アベノミクスの目玉の「成長戦略」を実現するために設置された産業競争力会議（議長は安倍首相）の議員に、科学者としてはただ一人選ばれた人物である。政府の科学技術政策の司令塔である総合科学技術・イノベーション会議の議員

（非常勤）も務めている。

旧知の二人は十数年前から、互いの研究室や霞が関の官庁内で、官僚らと科学技術政策や大学政策をテーマに私的な勉強会を開いてきた。橋本氏は当時を振り返り、こう語る。

「夕食をとる時間もなく、文科省の会議室でコンビニのおでんを食べながら議論したこともあった」

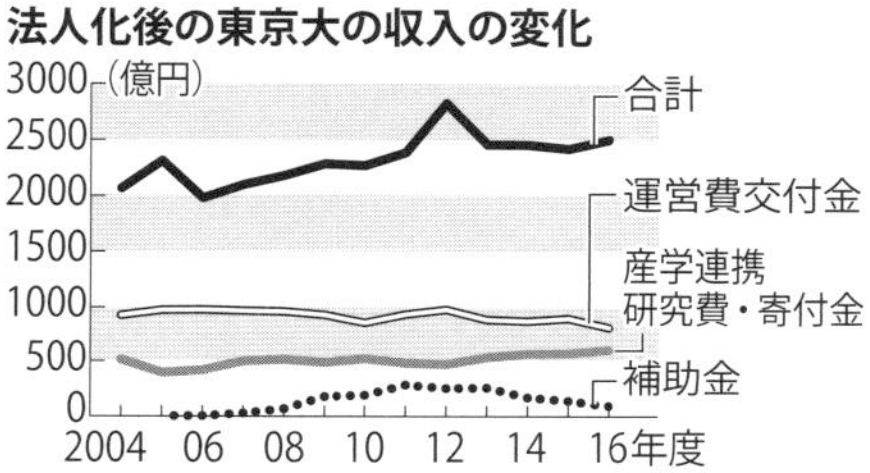

東京大のシンボル、安田講堂＝東京都文京区で、武市公孝撮影

橋本氏らが東大改革を熱心に議論した背景には、国からの運営費交付金が毎年削減される中、国立大が外部からの収入を増やす必要に迫られていたことがある。そのためには、国立大に課されていたさまざまな規制を緩和し、民間的な手法を取り入れる必要があった。

橋本氏らが政府にも働きかけた結果、新たに「[注]指定国立大学法人制度」ができた。これは、世界と戦える少数の国立大を国が指定し、大学が所有する不動産などの資産の運用やベンチャーへの投資などが自由に行えるようになるという制度だ。それまで、建前上は同列に扱ってきた国立大の中から、ごく一部を特別扱いするという異例の措置である。一七年六月の最初の指定では、東大が京都大、東北大とともに選ばれた。さらに一八年には東京工業大、名古屋大、大阪大が追加された。

指定国立大になったことで、東大の外部資金獲得にさらに弾みがつきそうだ。文科省幹部からも「法人化で最も得をしたのは東大だ」との声が漏れる。

東大がこうした「恩恵」を受けられたのは、実は早くから法人化を見越して準備をしてきたからである。

実は、国立大の法人化が最初に俎上《そじょう》に上ったのは、小泉政権の時代ではない。もっと前の一九九六年、橋本龍太郎内閣が設置した「行政改革会議」においてである。しかし、東大が法人化を見越して動き始めたのは、さらに前なのだという。

九三〜九七年に東大学長を務めた吉川弘之氏は「在任時に、いずれ法人化の要請があるだろうと思っていた」と明かす。吉川氏は「どうせ法人化されるなら、自分たちにとって一番いい方法でやろうと考えた」という。「予備実験として」(吉川氏)、学術経営という考え方を打ち出し、学内の改革に着手した。例えば、民間企業から研究費を得た研究者にその一部を大学に供出させ、外部資金の得にくい文系の研究者の研究費に充てたり、学部間の壁を取り払って他学部の敷地に別の学部の建物を建てたりしたという。

「当時は学部の力が強く、反発もあったが、学部長は各学部の利益代表ではなく東大の役員だと言って説得した。こうした経験が東大を強くした」と吉川氏は語る。

このような下地があったせいか、小泉政権の国立大法人化に国大協や文科省が反対する中、東大はいち早く「法人化容認もあり得る」とする報告書をまとめている。

後に副学長を務めた松本洋一郎名誉教授は「当時、国の大きな研究プロジェクトが国立研究所ではなく、東大の先生に来るようになっていた。法人化すればさらにそれが増え、その間接経費が大学に入るため、(財政状況が)上向くという判断があったのだろう」と指摘する。

周到に準備を進め、法人化の果実を一手に得てきた東大。もともと日本一の経営資産を

2019年のアジアの大学ランキング

① 清華大（中国）
② シンガポール国立大（シンガポール）
③ 香港科技大（香港）
④ 香港大（香港）
⑤ 北京大（中国）
⑥ 南洋理工大（シンガポール）
⑦ 香港中文大（香港）
⑧ 東京大（日本）
⑨ ソウル大（韓国）
⑩ 成均館大（韓国）
⑪ 京都大（日本）
…
㉚ 東京工業大（日本）
…
㉛ 東北大（日本）
…
㉞ 名古屋大（日本）
…
㊵ 大阪大（日本）
（タイムズ・ハイヤー・エデュケーションによる）

持ち、卒業生に官僚が多く、中央省庁の情報が入りやすいなどのアドバンテージがあったとはいえ、歴代経営陣に先見の明があったことの証左だろう。

ただ、地方大が疲弊する中、「独り勝ち」への批判も少なくない。現学長の五神氏は「東大も運営費交付金は減らされたし、他の大学から資源を奪ったわけでもない。さまざまな経営改革を進め、財源を再構築してきた結果だ。他の大学にも参考にしてほしい」と反論する一方、「東大が率先して知のあり方を考えることは重要であり、東大が担ってきた歴史的任務でもある」と強調した。

しかし、国内では「敵なし」の東大も、世界的に見れば超一流大学とは言えない。各種大学ランキングでの順位も下がる傾向にあり、アジアの中ですらシンガポールや中国の大学の後塵《こうじん》を拝している。

松本氏は「大型研究プロジェクトの予算は縛りが多く、進捗状況も細かく管理される。研究者の好奇心に基づいて自由にできる研究は減っている。法人化によって世界と戦える大学になれるという集団幻想を東大は見たのかもしれない」と振り返った。

（注）**指定国立大学法人**　世界最高水準の研究開発を目指すために文部科学相が指定し、一部の規制を緩和した国立大。現在、東京大、京都大、東北大、東京工業大、名古屋大、大阪大の六校が指定さ

れている。自らの研究成果を活用するためのコンサルティング、英語教育や研修などを担う人材育成プログラムなどの業種に限り、大学本体が出資する子会社を作れるのが最大の特徴。優れた研究者を雇うため高い給与を支払うことをより自由に認めたり、文科相の認可なく資産を運用できたりする。これらの特例は外部資金で行い、運営費交付金を使うことは認められない。

インタビュー

「財源再構築　他大学も参考にして」

――五神真・東京大学長

――東京大の現状をどう見ていますか?

東大では任期付き教員数の割合が〇六年は四三%だったのに、一二年には六〇%にまで増え、特に三〇代の教員の大半は任期付きとなった。大学は知恵とそれを担う人を生み出し、育てるところ。経営はビジョンを描きそれを実現するための先行投資から始まる。若者の雇用は先行投資の「一丁目一番地」のはずなのに、法人化後、財源が減る中で大学が真っ先にそこを削ってしまった。国の財政状況の改善が期待できない中、資産の有効活用や産学連携、株式や不動産を含めた寄付の受け入れなどで財源を多様化せねばならないと感じ、経営の自由度が増すよう、指定国立大学法人制度に手を挙げた。

――指定国立大になったことでの成果は？

それはこれから。大学は学生を社会に送り出すだけでなく、卒業生や関係ある人たちが分野を超えて連携する場所となり、日本でどんどんイノベーションが生まれるよう、新しい資金循環の仕組みを考えていかないといけない。経済的な価値の中心はモノから知識やサービスへ変わり、知識集約型に向けて急速に変化している。その中で日本の産業界はどこに投資をしたらいいのか見えにくくなっており、企業は投資先を一緒に模索することを大学に期待している。大学が産学官民の知恵を合わせて連携する場所となれば、社会を変革する駆動力を生み出せるはずだ。

――大学間格差が広がっているという批判があります。

東大も運営費交付金が増えていないし、他の大学から資源を奪ったわけでもない。東大では全学で意識共有を図り、さまざまな経営改革を進め、財源を再構築してきた。他の大学も参考にしてほしい。知識集約型社会に向けて、日本が世界を先導するには、知と技と人が集積している大学の活用が鍵で、大学にとっても大きなチャンス。全国の国立大は各地域でこの社会変革の中心となることができる。東大の役割はそれを率先して示すことだ。

（学長に）就任後、まず学内の予算配分の透明化を徹底した。部局ごとに分かれていた予算をまとめて議論することで、全学で若手雇用安定化などの先行投資を実現できるようになった。この手法を他大学にもぜひ伝えたい。全ての都道府県に配置された国立大は新しい産業や価値創出の源泉で、今大学をリストラするような、もったいないことはしてはいけない。そのためには大学も変わらなければならない。

——世界で見ると、各種大学ランキングで東大の評価は落ちています。

順位が上がっているランキングもあるし、指標ごとに見れば違った見方もできる。一般的に、日本の大学の順位の低下の背景には日本の相対的な経済力の低下がある。ここ数年を見ると、東大を含め日本の大学の研究力が相対的に落ちていることは確かだ。若手への投資が進まなかったことの影響が出ている。若手雇用の回復は急務だ。

——再び日本を科学技術立国にするためには？

社会課題解決型のビジョンを掲げるベンチャー企業に集まる若者が増えてきていると感じている。金もうけ主義ではなく、個人の自由な意思で活動する中で、良い社会作りに貢献できることに魅力を感じていると考えている。こうしたベンチャーを支える仕組みを大学が用意し、意欲ある若者の活動を支援することが極めて重要だ。知識集約型社会で重要となるのは情報だ。全国の大学間には、「ＳＩＮＥＴ」という超高速インターネット網が整備されている。地域と都市とをつなぎながらこうした人材や情報インフラをうまく活用できれば、日本にも大きなチャンスがある。

ごのかみ・まこと　東京大理学部卒。理学博士。九八年から東大教授。専門分野は光量子物理学。東大副学長、理学部長などを経て一五年から第三〇代学長。文部科学省の中央教育審議会や科学技術・学術審議会の委員を歴任。

インタビュー

「学問の精神　追いやられた」

——長尾真・元京都大学長

——日本の研究現場の疲弊は国立大学法人化が契機ですか？

時期が同じなので法人化と国立大の運営費交付金削減を結び付ける人が多いが、実は法人化前から大学関係予算、特に人件費は削減する方向だった。むしろ、国の予算が減る中、外部資金を自由に獲得できるようにしたのが法人化だった。

——法人化は予算削減への対抗手段だったと？

問題は法人化後、国がそれまで以上に大学運営の細部に手を突っ込み、競争原理を持ち込んで予算でコントロールするようになったことだ。国が中期目標を出し、それに沿った中期計画を大学が作り、その達成度を国立大学法人評価委員会が調べる形が始まった。国立大学協会会長として評価制度導入には最後まで反対したが、産業界の意向もあり、この形が通ってしまった。

――産業界からはどんな声が？

僕が座長を務めた国立大学法人法を作る審議会で、経団連出身の委員が「国のカネで成り立つ国立大は日本社会に貢献しなければいけない。日本のために役立っているかしっかり評価しなければいけない」と強く主張した。国も経済界も産業界への貢献ばかりを言い、学問本来の精神はどこかへ追いやられてしまった。

――評価制度の何が問題ですか？

たとえば、英語での授業実施率とか、外国人教員の雇用率など、簡単に実現できないものもあるのに毎年評価され、次第に大学が自由度を失って萎縮した。学長は評価点向上を目標に研究や教育をやるようになり、のびのびとした新しい発想が出にくくなった。大学は自由な雰囲気と発想が保証されていないと良い価値を生まない。

――短期的成果が要求されるようになったと？

企業会計のような近視眼的尺度で大学が評価されるようになった上、国策として重点分野を決めて大型予算で進める研究が増えた。本来は多くの分野に、研究者が自由に研究できる予算を、言葉は悪いが「ばらまく」べきだ。一〇ばらまいたうち、二で三でも良い成果が出れば、その学問分野で世界の中心になり得る。そういう余裕があらゆる分野で失われた。大学に適当なお金を配分して自由に遊ばせておくくらいの極端なことをしない限り、科学技術立国は取り戻せないと思う。

ながお・まこと　京都大大学院修了。工学博士。自然言語処理や機械学習が専門。一九九七〜二〇〇三年に京都大学長、〇一〜〇三年に国立大学協会会長を務め、国立大学法人化の制度設計に関わった。

強まる「経済のための科学」

「アベノミクスの最終目標は、日本を世界で最もイノベーティブな国にすることだ」

一八年六月、東京・六本木の政策研究大学院大で、大学改革をテーマにしたシンポジウムが開かれた。日本学術会議会長の山極寿一・京都大学長、中西宏明・経団連会長、政府の総合科学技術・イノベーション会議（ＣＳＴＩ）の橋本和仁議員ら、産官学のトップが一堂に会したシンポジウムでこう口火を切ったのは、甘利明・元経済再生担当相だった。

その後に登壇したスピーカーも「甘利大臣がこのプロジェクト（大学改革）の目的を私どもに再認識させた」（神田眞人・財務省主計局次長）、「大臣のご指導を得て、大学改革をやることになった」（赤石浩一・内閣審議官）などと、甘利氏を持ち上げた。

登壇者は甘利氏を「大臣」と呼んだが、甘利氏は週刊誌が報じた政治資金疑惑でこの二年以上も前に経済再生担当相を辞任していた。にもかかわらず、登壇者は都合二一回も甘利氏に言及したのだった。シンポジウムに出席したある大学関係者は「異様な感じがした」と感想を漏らした。

そもそも甘利氏は経済・通商政策に通じているが、「文教族」でも「科学技術族」でもない。そんな人物が大学改革を語るシンポジウムの主役になったことで、安倍政権が進める大学改革の目的が透けて見える。

甘利氏は一二年に政権を奪還した第二次安倍政権の最重要政策であるアベノミクスを主導した。アベノミクスでは金融緩和、財政政策に続く「第三の矢」である成長戦略の柱に科学技術を置く。つまり、科学技術も大学も経済成長の手段だというわけである。

そうした安倍政権の科学技術観・大学観が、成長戦略をとりまとめた産業競争力会議の委員構成に現れている。科学者の中でも産業界に近いとされる橋本氏と、山本一太・科学技術担当相が選ばれたのだが、「メンバーは甘利さんの強い希望だった」と山本氏は明かす。この二人も議員だったＣＳＴＩと産業競争力会議はどちらも首相が議長を務め、本来は同格の扱いのはずだったが、実態としては産業競争力会議が科学技術政策も仕切っていた。

そもそも一九九五年に成立した科学技術基本法は、科学技術を経済社会の発展に役立てることを規定している。その路線をいっそう明確に進めるために政権が手を付けたのが、内閣府の機能強化だった。

独自予算で変質した司令塔

内閣府は設置法上、省庁間の調整機能を担うだけで、独自予算を持てなかった。職員も各省庁からの出向者が多く、数年で戻ってしまうため、出身省庁の思惑に縛られることも珍しくなかった。

第二次安倍政権で科学技術担当相に就いた山本氏は就任直後の一三年の年頭、内閣府の幹部職員を大臣室に集めてこう述べた。

「母船（出身省庁）のことはしばらく忘れてほしい」

一四年の法改正で念願の独自予算を持てるようになると、山本氏はさっそく二つのトップダウン型の研究開発プロジェクトを立ち上げた。「戦略的イノベーション創造プログラム（SIP、五年で一五八〇億円）」と「革新的研究開発推進プログラム（インパクト、同五五〇億円）」だ。科学者が自らの好奇心に基づいて研究計画を立てて予算を申請するボトムアップ型ではなく、内閣府と総合科学技術・イノベーション会議（CSTI）(注)が自ら重要課題を決め、大きな権限を持たせた責任者に予算を配分する巨大研究事業である。

旧民主、自民両政権でCSTI事務局の内閣府政策統括官を務めた倉持隆雄・JST研究開発戦略センター長代理は「内閣府の機能強化の話は民主党政権時代からあったが、明確に独自予算を持つべきだという方針になったのは安倍政権からだ」と話す。

また、複数の関係者は、SIPとインパクトが創設されたのは、「産業界の意向が働いたからだ」と証言する。産業競争力会議の委員だった榊原定征・経団連会長は「成長戦略に資する」として、インパクト創設を強く主張した。

SIPとインパクトで、個々の研究課題を仕切る責任者には、産業界と学術界からほぼ半数ずつ選ばれた。「産業界がどれだけ人を出してくれるかが成否のカギだった」と山本氏は振り返るが、政府内にも「選ばれた研究課題の中には、商品化に近く、本来なら民間が自分でやるようなものなのに、血税にフリーライド（ただ乗り）しているものもあるとの指摘もある」

（神田眞人・財務省主計局次長）との声がある。

さらに安倍政権は、「女性活躍」や「一億総活躍」など目玉政策を担う大臣や事務局を内閣府に置き、トップダウンで進める手法を多用する。その結果、内閣府は肥大する一方だ。〇一年に内閣府が発足したときの職員数（併任を含む）は二四一二人だったが、一八年度は三三一八人と約一・四倍に増えた。企業からの出向者も増えているという。

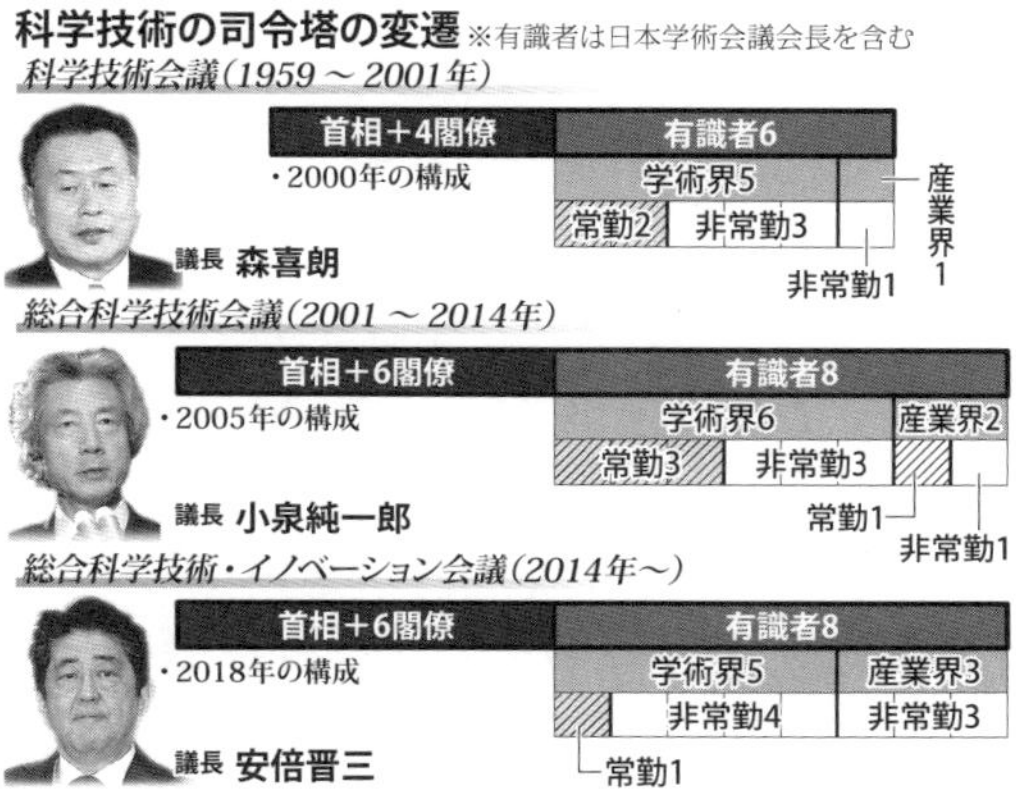

こうした手法には、トップダウンで迅速に政策が実現する利点もあるが、チェックが働かないという弊害も生まれる。一八年度から五カ年で始まったＳＩＰの第二期事業では、前章で紹介した通り、内閣府が事業責任者を表向きには公募しながら、実際には各省庁に根回しし、事前に候補者を事実上内定していたことが発覚し、国会で野党から批判を浴びた。

ある文科省ＯＢは「科学技術予算を査定する立場の内閣府が自ら予算の執行もすれば、やりたい放題ができる。内閣府肥大化の歴史はそのまま内閣府が腐っていく歴史だ」と批判する。

第二次安倍政権によって官邸主導が進むにつれ、科学技術政策の司令塔も変質した。もともとＣＳＴＩの前身の総合科学技術会議は、各省庁が概算要求で出してきた科学技術関連予算をＳ、Ａ、Ｂ、Ｃの四段階で査定し、政府予算案に反映させるのが主な仕事だった。かつて議員だった吉川弘之・元日本学術会議会長は「司令塔としての役割を守るためには、予算の配分権は絶対に持つべきではないと、当時の有識者議員で意見は一致していた」と明かす。

しかし一四年の法改正で、ＣＳＴＩはＳＩＰとインパクトを運営することになり、その原則は崩れた。

さらに安倍政権になって、ＣＳＴＩの形骸化も進んでいる。前述の通り、実態上、産業競争力会議の下に置かれた上、政権発足後に有識者の常勤議員から学術界出身の自然科学者が消えた。さらに一八年三月には常勤議員は一人に減った。現在、唯一の常勤議員である上山隆大・元政策研究大学院大副学長は経済学者である。

旧科技庁ＯＢは「科学研究の現場が分かる人が全くいなくなり、出口志向の研究ばかりやるようになった。科学のあり方を政治に伝えるという当初の役割はなくなり、今や政治家が科学技術を牛耳るための装置として使われている」と嘆息する。

さらに政府は一八年七月、ＣＳＴＩの上に「統合イノベーション戦略推進会議」を設置した。

官房長官をトップに関係閣僚で構成し、必要に応じて有識者会議も置く。宇宙政策や海洋政策、ITなど内閣府に乱立した七つの戦略本部の調整を図るのが目的だが、そもそも司令塔機能を果たすはずのCSTIに「屋上屋を架す」感は否めない。

実はこの会議を置くよう求めたのは、甘利氏が本部長を務める自民党の行政改革推進本部である。「これで科学技術政策における官邸主導がますます強まるだろう」と、ある政府関係者はささやく。

SIPやインパクトについては、投じた予算に見合った成果が出ていないと指摘する意見も多いが、その検証も十分になされないまま、政府はまたもトップダウンで新たな大型研究プロジェクトを一九年度から始めた。「従来の延長線にない、より大胆な発想に基づく挑戦的な研究開発」に一〇〇〇億円を投じるムーンショット型研究開発制度だ。ムーンショットとは、人類を月に送ったような、最初は無謀とも思えるけれども、成功すれば社会を変革できるような大きな成果が期待できるプロジェクトを指す。

大学の基盤的経費を削り、じっくり研究できる環境を奪っておきながら、気宇壮大な研究テーマにトップダウンで大金をつぎ込む。経済成長のための成果を焦って求めるあまり、ばくちに手を出したように映る。

地方国立大教授の一人は「『選択と集中』に代表される近年の日本の科学技術政策ほど、すぐに〝成果〟が現れた政策はないのではないか。見事に日本の存在感は低下している」と皮肉交じりに指摘し、ムーンショット型研究開発制度についても「最初から当たると分かっている宝くじを買うことはできない」と冷ややかにみている。

インターネットの基礎技術である「ワールド・ワイド・ウェブ」など数々のイノベーションを生んできた欧州合同原子核研究所（CERN）のロルフ・ホイヤー前所長は「ある研究成果がいつ、どのように応用されるかを予測することは困難だ。だが、基礎研究を忘れればイノベーションの基盤は失われる」と指摘しているが、現政権にこうした発想は全く感じられない。

総合科学技術会議の元議員、井村裕夫・元京都大学長は「研究経験のない人が計画を立てても、決して良い政策にはならない。研究者の発言の機会を増やすべきだ」と提言している。

（注）**総合科学技術・イノベーション会議（CSTI）** 内閣府の諮問機関で、首相が議長を務め、閣僚と有識者で構成する。トップダウン型で政策形成に携わる「科学技術の司令塔」。一九五九年に旧総理府に設置された科学技術会議が源流で、二〇〇一年の省庁再編で総合科学技術会議、一四年の内閣府設置法改正でCSTIに改組された。ボトムアップ型で科学者の意見を集約し、政府とは独立の立場で政策提言をする日本学術会議（四九年発足）とともに、科学技術政策の「車の両輪」として機能することが求められてきた。

インタビュー

「科学政策に科学者の声を」

――井村裕夫・元総合科学技術会議議員（元京都大学長）

――九〇年代以降の国の科学技術政策を振り返ってもらえますか？

もともと、日本は国家の財政規模の割に研究予算が少なかった。九〇年代初頭にバブルが崩壊し、「日本の将来はこれではいけない」と九五年、議員立法で科学技術基本法ができた。私も作成に関わった九六年の第一期科学技術基本計画では、国の研究投資を増やし、ポスドク（任期付き博士研究員）を一万人にする構想を打ち出した。〇一年に科学技術会議を総合科学技術会議へ改組する際には、自前の事務局を設け、常勤議員を四人に増やして司令塔機能の強化を図った。首相を交えた会議を毎月一回、一時間開催するなど活発だった。

――科学者の声が通りやすかった？

はい。財務省とも予算案をまとめる前に話し合い、ある程度、私たちの意見が通った。当時、自民党の科学技術創造立国調査会が強かったことも背景にある。山崎拓さん、加藤紘一さん、尾身幸次さんら重鎮がいて非常に力があった。

――総合科学技術会議の役割は？

○一年の第二期科学技術基本計画に「総合科学技術会議は政策推進の司令塔とならねばならない」という一文を入れた。ところが、その後、司令塔機能は尻すぼみになった印象がある。前兆は当時すでにあった。基本計画を作る会議でこの文言を入れようと提案すると、全省庁から強い抵抗が起きた。各省には予算の取り分があるから、新たな司令塔ができると困る。いくら提案しても、なかなか通らない。最終的に議員の前田勝之助・東レ会長（故人）が一喝してくれて盛り込まれたが、予算の核心部分は各省が握ったままだ。

――現在の総合科学技術・イノベーション会議（CSTI）をどうみますか？

弱体化した。一つのきっかけは政権交代で、民主党が内閣官房に医療イノベーション推進室を作った。それを現政権が引き継ぎ、日本医療研究開発機構（AMED）へと発展させて、医学研究はそちらに移った。総合科学技術会議はイノベーションを重視したCSTIとなり、企業出身の議員が増えて、自然科学専攻の常勤議員がいなくなった。会議も以前と比べて減っているようだ。同時に国立大への運営費交付金が年々減少し、若い研究者の任期付き雇用が増加した。研究費も三年または五年のプロジェクト型が増え、応用が重視されて、息の長い研究ができない状態になった。短期間で結果を出さないといけないので、研究の質が落ち、不正も増加したように思われる。

このままでは日本の将来が心配だ。司令塔を強化し、総合的に科学技術政策を助言できるようにしないといけない。同時に、研究者の発言の機会を増やすべきだ。研究経験のない人が集まって計画を立てても、決して良い政策にはならない。

いむら・ひろお　京都大卒。医学博士。専門は内分泌代謝学。京都大教授、医学部長を経て九一～九七年に学長。九八年、政府の科学技術会議常勤議員に就任。同会議を改組してできた総合科学技術会議の初代議員も務めた。国立大学協会長や旧先端医療振興財団理事長などを歴任し、現在は稲盛財団会長、日本学士院幹事。

第四章
海外の潮流

存在感の低下する日本を尻目に、覇権争いを繰り広げる米国と中国は科学技術分野でも二強体制を確固たるものにしている。最終章となる本章では、中国、米国、そして欧州の最新の動きを報告し、日本の現状を改めて分析する。

中国の巨大電波望遠鏡「天眼」

二〇一六年、中国南西部に位置する貴州省の山あいに、直径五〇〇メートルもの巨大なおわん形をした構造物が完成した。世界最大の開口球面電波望遠鏡「ＦＡＳＴ（天眼）」だ。ブラックホールなどの天体から届く電波を受信し、宇宙の最深部を観測することを目指している。その規模は、米国が運用するプエルトリコのアレシボ望遠鏡（直径三〇〇メートル）を大きく上回る。

中国は近年、基礎科学分野への投資に力を入れている。

一九年三月に開催された全国人民代表大会（全人代）の記者会見で、王志剛・中国科学技術相は「基礎研究は科学技術革新の源であり、十分に重視する必要がある」と強調している。「天眼」も国を挙げて取り組む基礎科学プロジェクトの一つだ。中国科学院国家天文台が約二〇〇億円を投じて建設した。赤堀卓也・国立天文台特任研究員は、こう解説する。

直径500メートルの世界最大の電波望遠鏡「天眼」＝中国科学院国家天文台提供

「これほどの天文学の大型施設を中国単独で造ったのには驚きだ。昨今では、天文学の大型施設は日本も含め国際協力でなければ建設するのが難しい」

「天眼」は一九九四年から計画が始まり、一一年に着工。二〇〇〇人以上の作業員が数年間、住み込みで建設作業に従事したとされる。「天眼」完成前後の一四年と一六年に現地を訪れた小林秀行・国立天文台教授によると、作業員宿舎には「天文学が国の未来を作り出す」という趣旨の中国語の標語が掲げられ、おわんの部分を構成する約四五〇〇枚もの鏡はなんと一枚ずつ人力で張られたという。

小林氏は、何よりもその規模に圧倒されたと明かす。

「万里の長城を造った国だからできるプロジェクトだと感じた。中国はトップダウン的にものを決めることができ、一旦決まれば、西洋社会では考えられないようなものすごいことを、いとも簡単にやる」

「天眼」は宇宙からの電波を観測する望遠鏡で、使用する周波数帯が携帯電話や放送局の電波と重なるため、周囲に人の活動があると観測の邪魔になる。

そのため、中国政府は「天眼」建設場所のくぼ地にあった少数民族の集落と、半径五キロ以内の住民を含めた約一万人を転居させたという。

中国日報によれば、移住先には新たな街が作られ、電波望遠鏡の学習センターやホテルなどの観光リゾート施設が建設された。移住させられた先住民に対しては、新たな土地に三階建ての家、さらに所有していた土地の面積に応じた補償金や仕事が与えられた。

研究で「天眼」を利用している北京大の中国人研究者によれば、望遠鏡から車で二〇分ほどの場所に造られたその新しい都市は「アストロノミータウン（天文学の町）」と呼ばれている。この研究者は「外国からたくさん観光客が訪れるようになった。家も仕事も与えられ、住民が得た利益は大きい」と笑顔で語った。

一方、赤堀氏は「立ち退きを迫られた人もいれば、移転費用に喜んだ人もいると聞く。天文学の計画ながら、さながらダム建設のような公共事業だ」と話す。

天眼は一六年から開始している試験運用で、規則正しい周期で光を放つ「パルサー」という天体の観測に成功。一八年九月時点で四四個を発見し、本運用に向けて着々と準備が進められている。電波望遠鏡は口径が大きいほど感度は高まる。だが天眼の場合、構造上の問題で直径五〇〇メートルのうち実際に観測で使っているのは三〇〇メートルといい、感度はアレシボと実質的に変わらないという指摘もある。

赤堀氏は「天眼はアレシボより優れた受信システムにより、より広い範囲の空を観測することができ、可能性は広がる」と今後の観測に期待する一方、「費用対効果を考えると成果が見合うかどうかは今のところ未知数だ。ただし、中国の科学・技術の発展は目覚ましく、日本もうかうかしていられない」と話す。

さらに、天眼で観測したデータ量が想定より膨大だったため、データ解析作業が追いつかない、という課題もあり、今後、近隣の州都・貴陽にデータセンターを新設する計画が進行中だという。

小林氏は「解析手段が整っていない望遠鏡の建設予算など、普通は認められない。日本だったら、世論の厳しい批判が待っているだろう」と指摘する。

一九年九月に来日した天眼の李菂所長は毎日新聞のインタビューに応じ、「住民の理解で成り立っている。（天眼は）誰も見たことのないところに到達できる。究極の夢は全く未知な物を捉えることだ」と強調する一方、「今の課題はデータ処理」だと認めた。

「一九方向を一度に観測できるが、記録量も一台の望遠鏡の一九倍になる。データセンターはまだ間借りの状態だ」。天眼の建設開始後に所長に就任した李氏は、まずは観測所の整備に尽力している。

アストロノミータウンについては、「（建設地に元々居住していた人々には）一〇〇パーセントハッピーではなくても、それなりに納得して移ってもらったのではないか。昔は何もなかった町が観光地となり、経済に貢献している人もいる。研究者の側も住民の理解のうえで成り立っていることを分かっている」と述べ、「それに、天眼を誘致したのは地元政府だ」と付け加えた。元居住者の中には、タウンに引っ越し、観測所の技術者として働いている人もいるという。

中国は一六年に、純国産のスーパーコンピューター「神威太湖之光」が計算速度の世界一を初めて達成した。

右肩上がりの科学技術予算を背景に、スパコンや次世代DNAシーケンサー（注）の設置数など、桁違いのスケールで次々に世界一の研究インフラを実現する中国。日本は今後、太刀打ちできるのだろうか。小林氏は次のように語る。

「予算規模が小さい日本の天文学が中国と対等に戦えるわけがない。日本の存在価値を同等に示すためには、国際共同プロジェクトで海外諸国と協力し、卓越した技術力などを生かして貢献するしかない」

（注）次世代ＤＮＡシーケンサー　遺伝情報の本体であるＤＮＡを構成する四種類の塩基の並び方（シーケンス）を、高速で自動的に解読できる装置。医学研究や創薬、特に患者の遺伝情報を基にしたがんなどの効果的な治療を目指すゲノム医療の基盤として重要性が高まっている。

2019年の大学ランキング（100位以内）

中国（香港除く）		日本	
清華大	17位	東京大	23位
北京大	30	京都大	35
復旦大	44	東京工業大	58
上海交通大	59	大阪大	67
浙江大	68	東北大	77
中国科学技術大	98		

中国の大学の世界ランキングでのシェア拡大（100位以内）

	09年	19年
中国	2校	6校
日本	6校	5校

出典：QS World University Ranking

「破格の待遇」で研究者引き抜き

「ここを先端科学に取り組む極東の基軸にしたい」

一六年一〇月、中国の北京航空航天大に新設された「ビッグバン宇宙論元素起源国際研究センター」で調印式が行われた。同センターの初代所長に就任した梶野敏貴・国立天文台特任教

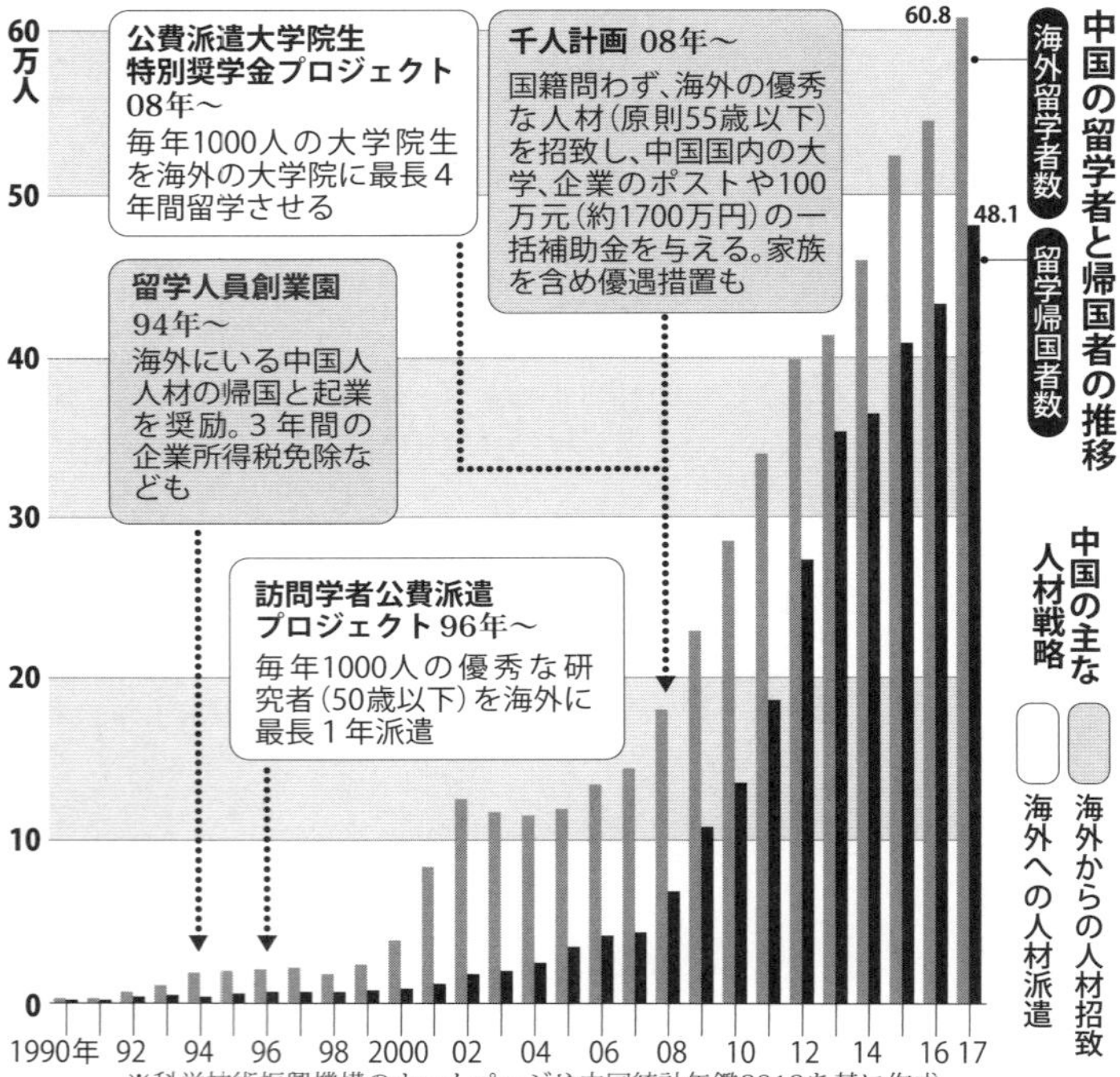
中国の留学者と帰国者の推移
海外留学者数
留学帰国者数
60.8
48.1
60万人
50
40
30
20
10
0
1990年 92 94 96 98 2000 02 04 06 08 10 12 14 16 17
中国の主な人材戦略
海外からの人材招致
海外への人材派遣
公費派遣大学院生特別奨学金プロジェクト 08年～
毎年1000人の大学院生を海外の大学院に最長4年間留学させる
千人計画 08年～
国籍問わず、海外の優秀な人材（原則55歳以下）を招致し、中国国内の大学、企業のポストや100万元（約1700万円）の一括補助金を与える。家族を含め優遇措置も
留学人員創業園 94年～
海外にいる中国人人材の帰国と起業を奨励。3年間の企業所得税免除など
訪問学者公費派遣プロジェクト 96年～
毎年1000人の優秀な研究者（50歳以下）を海外に最長1年派遣
※科学技術振興機構のホームページや中国統計年鑑2018を基に作成

授があいさつし、中国人の副学長と固く握手を交わすと、会場には拍手がわき起こった。梶野氏は翌一七年三月、特別教授として北京航空航天大に赴任した。

梶野氏は、宇宙の起源を解明する宇宙核物理学の分野で世界的な成果を挙げている研究者で、一六年春に中国の「海外ハイレベル人材招致計画（通称・千人計画）」の対象に選ばれた。

「千人計画」とは、中国政府がノーベル賞受賞者を含む世界トップレベルの頭脳を国内に集めるため、〇八年に始めた政策だ。

「基礎科学だけでなく応用科学、企業などあらゆる分野の研究者を世界中から招聘している」。梶野氏は他の対象者の顔ぶれをみて、その多彩な顔ぶれに驚いたという。

当時、梶野氏にはすでに米国やイタリアからも教授職として招聘したいという打診があった。だが、中国政府から提示された年俸は「桁違いだった」。しかも任期のない特別教授職で日本の研究職との兼任も可能な上、新設する研究センター長のポストまで約束されているという厚遇ぶりだった。

梶野氏は中国行きを決断した理由を次のように説明する。

「米国には多くの共同研究者がいるし、経済・科学の両面ともにその勢いは圧倒的で、国際的に研究を牽引する上で米国で研究することは魅力的だ。だが米国が提示した条件では教授職の任期に二年の期限があった。もう一つのイタリアは、科学者への成果主義が米国と比べてさほど強くなく、自然に謙虚に向き合うことを是とする落ち着きがあるが、欧州経済が低迷する中、イタリアの科学技術予算の伸びに不安があった。一方、当時の中国は経済が順調で、政府の科学技術予算も潤沢だった」

梶野氏よりも先に「千人計画」で選ばれた日本人研究者から「やってみる価値はある」と背中を押されたことも、理由の一つだという。

日本の教授職と中国のポストを兼務することになり、梶野氏が日中両国に半年ずつ滞在する生活を始め、二年が経過した。

「当初は冒険に出かけるような気持ちだった」と、中国での研究を始めた時の気持ちを明かす梶野氏だが、今は中国での研究環境をさらに高く評価しているという。

「すぐに人を集められるし、予算も潤沢にあるため、日本よりも研究がやりやすい。政治体制から受ける印象とは違い、研究者は自由に世界を行き来しており、中国の勢いや可能性を感じる」。中国政府から特定の研究を強制されることもないという。

ビッグデータを活用　中国製医療AIの威力

近畿大学病院（大阪狭山市）の一室。コンピューター断層撮影装置（CT）で撮影した約三〇〇枚に及ぶ肺の断面の連続画像に、次々にマークがついていく。

マークをつけているのは医師ではない。肺の病変である「結節」を、人工知能（AI）が見つけているのだ。

AIは、結節の直径や位置、色の濃淡などを瞬時に識別できる。医師が見逃しやすい六ミリ未満の結節も、ＡＩなら高感度で見つけるという。治療の必要のない良性か、がんに進行する可能性がある悪性かもＡＩは判定する。医師なら一五〜二〇分かかる作業を、ＡＩはわずか一分でこなす。

このＡＩを使った画像診断システムは、北京に本社がある中国の医療ベンチャー「インファービジョン」が開発した。インファービジョン社は一五年に設立されたが、わずか二年半で日本進出を果たしている。このシステムを売り込むため、有効性を試す共同研究を近大病院に持ちかけたのは一八年夏のことだ。

「ホンマに判定できるんかなと思った」。話を最初に受けた講師の小塚健倫氏は、当時の気持ちを率直に語った。

だが、近大病院の複数の若手医師に約半年間、このシステムを併用しながら実際の患者の結節を診断してもらい、システムを使う場合と使わない場合の画像判定の精度を比較したところ、システムを使った方が精度が向上することが確認できた。

近畿大は、この結果をまとめた論文を専門誌に発表するとともに、システムを実際の診療に導入するかどうか、引き続き検討する方針だという。

近畿大がＡＩの導入を真剣に検討している背景には、医師、特に放射線科医の深刻な人手不足がある。

医療の高度化に伴い、日本が保有するCTやMRIなどの医療機器の人口当たりの数はいずれも世界一だ。一方、大学の医学部の定員数は決まっていることなどから、放射線科医の数は頭打ちだ。放射線科医らでつくる日本放射線科専門医会・医会によると、画像診断ができる放射線科専門医は全国で約五六〇〇人あまりで、医師一人当たりの読影件数は世界一位と、過重労働の状態にある。

「長時間勤務の疲れから、結節を見落とすことも増えるのではないか。将来的には自分の仕事をAIが奪うほどになってほしい」、小塚氏はそう話す。

インファービジョン社のAIによるシステムは、中国で取得した約三〇万個の結節の画像という大量のデータ、いわゆる「ビッグデータ」を基に開発されている。

AIは、ビッグデータの特徴やパターンを、計算アルゴリズムを通して分類したり認識したりする「機械学習」と呼ばれる手法を使っている。特に、人間の脳神経の構造（ニューラルネットワーク）を模したアルゴリズムで学習する「深層学習（ディープラーニング）」と呼ばれる手法が開発され、飛躍的に性能が向上した。

学習のベースとなるデータが多ければ多いほど、AIの能力は向上するため、いかに大量のデータを集められるかが重要になる。二一世紀が「データの世紀」と呼ばれるゆえんだ。

インファービジョン社は中国の三〇〇以上の病院と提携し、毎日約三万五〇〇〇人の患者の画像を診断している。このうち病院側の同意が得られている画像を、専門医の判定も交えた上でＡＩに学習させている。日本でも多くの企業が、日本国内のデータを使ってＡＩによる画像診断の技術を開発しているが、中国と人口規模が一〇倍も違う日本は劣勢に立たされている。ビッグデータに対する法規制の問題も、日本と中国のＡＩ開発力の違いを決定づける上で大きかった。

中国では一七年にようやく個人情報の取り扱いが法規制されたが、その前に取得された大量の画像のデータベースがあるため、画像診断システム開発のために必要なデータを集めやすかった。

インファービジョン社の最高執行責任者（ＣＯＯ）である王少康氏は「膨大なデータを非常に手に入れやすいことが、中国で研究開発する最大のアドバンテージだ」と強調した。

インファービジョン社がそのように語る一方で、近大病院教授の石井一成氏は当初、「システムを使えば、こちらのデータも中国に吸い上げられるんじゃないか」と懸念したという。

これに対し、インファービジョン社は日本からの情報流出の可能性を否定している。

日本ではシステムを管理するサーバーのパソコンを病院内に置き、外部のネットワークから完全に切り離している。ＡＩの学習に使うのは中国国内で同意を得たデータだけで、日本のデータは一切使わないという。さらに、診断をする際に、画像データに添付された個人情報を自動で消す仕組みも導入した。「データが漏れることはない。個人情報保護は世界的に重視されており、当社も（重要度の）第一位に位置付けている」と王氏は強調する。

インファービジョン社のシステムをすでに導入した医療機関も日本にある。

東京都新宿区の「ＣＶＩＣ心臓画像クリニック飯田橋」は一七年から、心臓の画像に映り込んだ肺の画像診断をシステムに任せている。このクリニックの医師は心臓が専門だが、ＣＴやＭＲＩで心臓を検査した際に、肺にも病変の疑いを見つけることがある。最終的には他の病院に画像を送って肺の専門医が診断することになるが、「専門外」だからといって肺の病変を無視するわけにはいかず、クリニックの医師の大きな負担になっている。運営会社社長の古沢良知氏は「肺をＡＩに任せることで、心臓の診断に医師を集中させられる」とメリットを説明する。

「医療ほどＡＩが世界を変える分野はない。新しい技術でより多くの人のがんを早期に発見し、健康寿命を延ばすことがわれわれの目標だ」。王氏はこう胸を張った。

プライバシーより利便性

世界的にＡＩの研究開発が進む中、中国の台頭が目覚ましい。急速に進展する中国の医療産業を支える「両輪」は、一三・八億人の人口を背景にしたビッグデータと、個人情報にこだわらない国民性だ。

南京在住の中国人の女性大学教授（四九）は一八年九月に上海に旅行中、眠れないほどのアレルギー性のかゆみに襲われた。初めてスマートフォンのオンライン医療アプリを使い、地元の皮膚科の医師に診断を仰いだ。

「どんな症状ですか？　患部の写真を送ってください」。アプリで写真を送ると、翌朝には医師から薬のアドバイスがスマホに届いた。費用はスマホアプリ「ウィーチャット」で即時決済している。「時間が節約できた。また利用したい」と振り返った。

これは中国のオンライン医療ベンチャー「微医」のサービスだ。一〇年に創業した比較的新しい企業だが、中国内の約二七〇〇病院、約二四万人の医師と提携し、サービスは延べ約五億八〇〇〇万人が利用した。診断内容をビッグデータ化したAI医療システムも手掛けており、ウィーチャットを運営するテンセントの出資も取り付けて、時価評価額は五五億ドル（約六〇〇〇億円）というユニコーン企業（時価評価額一〇億ドル以上の新興企業）に成長した。

中国でAIやフィンテック系サービスを提供する企業が次々に登場し、急成長を遂げている理由として、躍進する経済を背景に、中国が国家規模で科学技術開発への投資を行っていることがまず挙げられる。

文部科学省がまとめた科学技術白書（一八年版）によると、中国の一六年の政府の科学技術関係予算は一一兆七二〇〇億円で、日本（三兆四五〇〇億円）の約三倍もある。〇〇年の予算額と比較すると、中国の予算は約一三・五倍になっており、韓国（五・一倍）、米国（一・八倍）、ドイツ（一・七倍）、日本（一・〇五倍）＝数字はいずれも一六年＝などと比べ、すさまじい伸び率だ。

もう一つの理由として、個人情報の収集について、人々の抵抗感が薄いこともある。代表的なものが、中国の巨大企業アリババが開発した「芝麻信用」という個人評価システムだ。芝麻は中国語で「ゴマ」という意味で、社会的ステータスや交友関係、アリババが提供する電子決済「アリペイ」購入履歴や、高級品を買ったかどうか、など主に五つの観点から個人を「信用度」というスコアで点数化する。最低は三五〇点、最高は九五〇点で、得点が高いと、ビザが取得しやすくなったり、デポジット（保証金）が不要になったりするなど、さまざまな特典が受けられる。アリババのジャック・マー会長（当時）は一七年のダボス会議で「芝麻信用のスコアが低いと結婚もできない」と語ったと伝えられた。

日本ではこうしたデータを利用されることは「プライバシーの侵害」として抵抗感が強いが、中国では、すでに五億人以上が利用するサービスに成長した。

「プライバシーより利便性を重んじる国民性の違いは、ビッグデータを活用する上で有利に働く」と多くの専門家は指摘している。

中国では、キャッシュレス支払いや顔認証技術が急速に普及し、誰がどこに行ったか、どんな取引をしたかなどのプライバシーが、常に当局や企業に把握されるようになった。だが中国人は「技術の進歩で便利になるなら、個人情報を出しても構わない」という考えが一般的だという。

近年、中国ではこうしたITを活用した新サービスが次々に生まれている。

特に、身につけるタイプの「ウェアラブル機器」などを使い、健康を管理するアプリが増えているが、こうしたサービスは、さまざまな特典と引き換えに多くの人から生体情報を取得し、そのビッグデータを活用して、AI開発に利用しているからだ。

中国政府もトップダウンの政策で、こうした動きを後押しする。

中国は急激な人口増加に医師の数が追いつかず、病院の外来には常に長蛇の列ができる。国土が広く、病院へのアクセスが難しい地域も多い。また急速な経済発展で、高カロリーの食事や慢性的な運動不足が問題になっており、糖尿病患者は世界最多の約一億人に達する。医療ニーズは増加の一途をたどっており、いかにビッグデータを活用して医療コストを下げるかが、中国の喫緊《きっきん》の課題だという。

これらを抜本的に改善するため、中国政府が一六年に策定した戦略「健康中国二〇三〇」には、医療におけるビッグデータの活用を盛り込んだ。中国事情に詳しいコンサルタント「クラオンライン」部長の秀山斌《びん》氏は「中国の医療産業はいずれ米国を抜いてトップになる」と予測する。

「中国の仕組みでは、個人情報は国家に付随し、国家が管理するものだ」と秀山氏は説明する。一つの例が、一七年に施行された中国のインターネット安全法だ。国民の健康情報が、原子力や軍事、安全保障などと同じレベルの重要度に位置付けられた。個人情報は「個人のために守る」のではなく、「国家の管理下に置く」という中国当局の考え方が如実に現れた結果だという。

習近平政権は情報の独占化を目指しており、すべての国民の医療情報を国家が握る方向に進む、と秀山氏はみている。秀山氏自身、〇五年に中国から日本に帰化しており、「日本とは相容れない考え方だが、多民族国家である中国で政治を安定化させるには、国家がトップダウンで管理するというのは一つのやり方だ」と話す。

その上でこうも指摘した。「中国政府がトップダウンで集めたデータが、最終的に何のために使われるのか、これから問われることになる」

中国　論文数で世界トップに

中国の科学技術力は質・量ともに世界を圧倒しつつある。米国立科学審議会は一八年一月の報告書で、一六年に発表された中国の科学技術論文の数が、初めて米国を抜いて世界トップになったと発表した。中国が世界の総論文数の一八・六%に当たる約四三万本、米国は一七・八%の約四一万本だった。一〇年前の論文数と比べると、米国が約七%増なのに対し中国は二倍以上に増えた。一方、日本は約一三%減の約九万七〇〇〇本。先進国で唯一、減っており、インド、ドイツ、英国に次ぐ六位だった。

主要国の科学技術予算の伸び

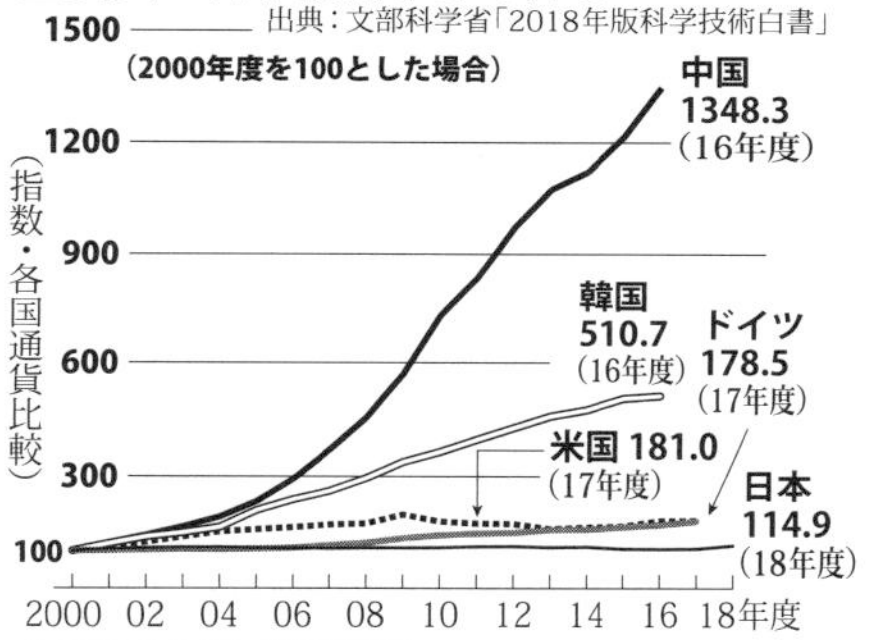

出典：文部科学省「2018年版科学技術白書」

主要国の論文数変化

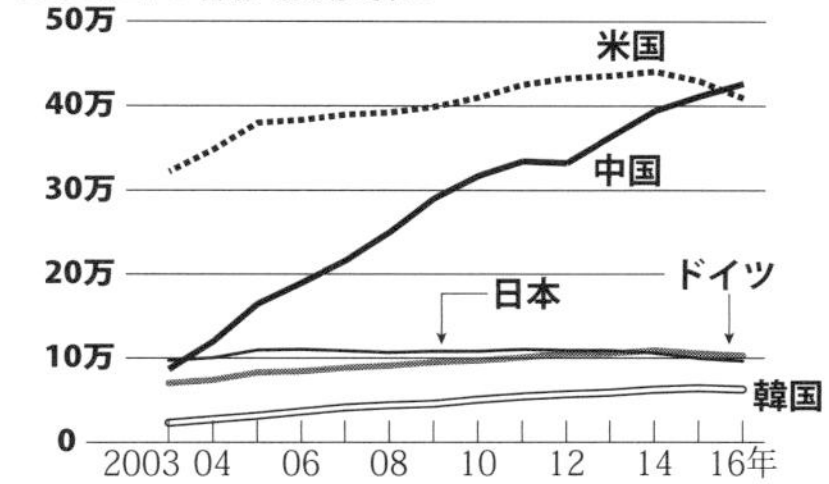

出典：米国立科学審議会「Science and Engineering Indicators 2018」

論文は他の論文に引用される回数が多いほど注目度が高く、優れているとされる。文部科学省科学技術・学術政策研究所が一八年八月にまとめた報告書によると、中国では九〇年代後半から、論文のシェアだけではなく、他の論文での引用回数の多い論文の割合も急速に増え続けている。

また、科学技術振興機構（ＪＳＴ）による次のような分析もある。

ＪＳＴは、オランダの学術出版大手エルゼビアの論文データベースを使い、引用回数が三年間の平均で上位一〇％に入る論文群を分析した。対象は臨床医学を除く理工系の一五一領域で、内訳は、生命科学（領域数四六）、工学・化学・材料（同三九）、コンピューター科学・数学（同二六）、物理・エネルギー・環境（同四〇）だった。

その結果、一五～一七年の質の高い科学論文の国別シェアで、中国が理工系の一五一研究領域のうち七一領域で首位を占めていた。残りの八〇領域は米国が首位で、最先端の科学研究で米中両国の二強体制が鮮明になった。

主要研究領域における質の高い論文のシェア推移

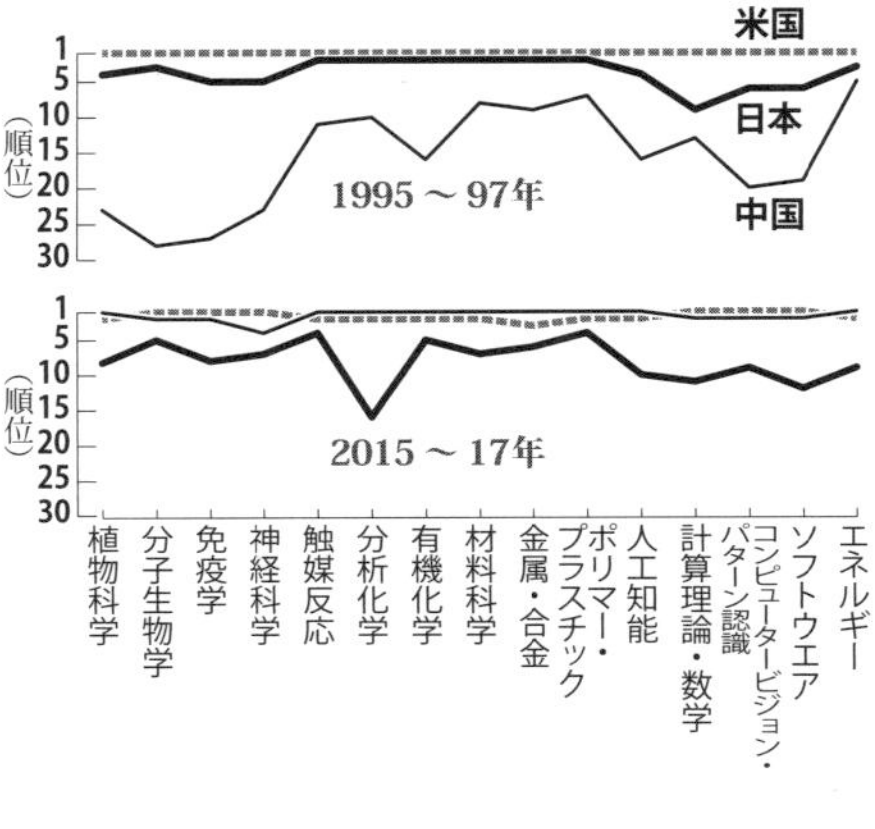

中国が首位なのは、工学や材料科学、計算機科学の基礎となる数学などの分野に多かった。中国は約二〇年前（一九九五～九七年）には上位五位以内に入るのは二領域のみだったが、約一〇年前（二〇〇五～〇七年）は一〇三に急増、最近（一五～一七年）は一四六とほぼ全領域を占めるまでになっており、急成長を遂げていることが分かる。

米国は中国に抜かれた領域も多い半面、生命科学分野の大半などで首位を堅持。約二〇年前から一貫して全領域で上位五位以内に入っており、トップレベルの研究力を維持している。

一方、日本は約二〇年前は八三領域で五位以内だったが、最近は一八領域に減少。相対的に研究力が低下している現状が浮き彫りになった。「がん研究」と洗剤や医薬品などに幅広く応用される「コロイド・表面化学」の三位が最高だった。従来、日本が強いとされてきた化学や材料科学でも、徐々に上位論文の割合が減少していた。

ＪＳＴの伊藤裕子特任研究員は「二領域での三位が最高という日本の現状には驚いた。質の高い論文の本数がこの二〇年で世界的に増加する中で、日本の研究力が世界の伸びに追いついていない可能性もある」と指摘する。

中国の躍進の原動力は、急増する研究開発費だ。文科省の「科学技術要覧」によると、その総額は年平均二〇％超、四年で倍増のスピードで増え続けており、〇九年には日本を追い越し、米国に次ぐ世界第二位に浮上。米国との差は縮まりつつある。

中国科学院科学技術戦略諮問研究院の穆栄平《ムーロンピン》書記は「経済発展に伴い科学技術への投資が進み、イノベーションで再び経済発展に貢献する好循環が生まれている。発展が続く限りこの流れは止まらない。発展こそ国の安定だ」と話す。

中国情勢に詳しい経済学者の野口悠紀雄・一橋大名誉教授は、新興国がイノベーションを起こすことで先進国を追い越す歴史が繰り返されてきたと指摘する。かつては米国、日本、そして今は中国だが、今後、中国を追い越す新興国が現れるかどうかは「分からない」と言う。理由は、中国の一党独裁体制だ。プライバシーや人権への意識が西欧諸国と異なる中国が、「二一世紀の石油」とも言われるビッグデータを国家レベルで収集し、それを元手にますます科学技術力を高めていけば、もはや追いつける国すら出ないかもしれない、というのだ。

「遠くない将来、中国のGDP（国内総生産）は米国を抜いて世界一になる。科学技術力を背景にした強大な独裁国家に世界がどう対応するか。その答えはまだない」

米国　最先端行く「フードテック」

米西海岸シリコンバレーのベンチャー企業「ジャスト」。エプロン姿の男性がボトルに入った黄色い液体をフライパンに流し込んだ。焼き上がった塊を口に運ぶと、ふんわりとした食感とともに卵の味が広がった。黄色い液体の正体は、植物油などから作った人工卵液。本物の卵は一切使っていない。広報担当者は「風味の決め手は（モヤシになる）緑豆から抽出したたんぱく質だ」と明かした。

このほか、人工肉のチキンナゲットやアイスクリームも試食させてくれた。ナゲットは断面が滑らかでやや不自然なものの、知らずに食べて植物由来だと気付く人は少ないだろう。アイスクリームに至っては本物との違いは皆無だった。

植物由来の「人工卵液」を調理するジャスト社のジョシュ・ハイマン氏＝米サンフランシスコのジャスト社で2019年２月６日、須田桃子撮影

一一年に創業したジャスト社は、シリコンバレーで台頭しつつある「フードテック」の成長株だ。フード（食品）とテクノロジー（技術）を掛け合わせた造語で、最先端の技術で環境負荷の少ない食べ物を生産する産業だ。植物由来の物質や細胞培養によって畜産に頼らずに肉や乳

製品を製造するなど、さまざまな技術開発競争が繰り広げられ、世界の食料問題の解決につながる試みとして注目されている。

植物由来の人工肉は既に普及している。米国のインポッシブル・フーズ社の人工肉は、牛肉中の血液や筋肉に含まれる物質を産出するよう遺伝子組み換えした酵母を使い、牛肉のような風味を再現している。この人工肉のパテを使った「インポッシブル・バーガー」は全米のレストランやファストフード店で提供され、海外にも販路を広げつつある。記者が訪れた店では、通常のハンバーガーより五ドル高い一二・七九ドル（約一四〇〇円）だった。

ジャスト社の開発した植物由来の疑似マヨネーズや人工卵液、ドレッシング、クッキーなども既に全米で流通している。いずれも卵や乳製品は一切使っていない。本社内には、緑豆をはじめ世界中から集めた植物サンプルを収めた倉庫や、自動で稼働する最新鋭の機器類が揃う実験室もある。人工知能（ＡＩ）や機械学習を駆使して各植物の成分や特性を分析し、製品開発につなげているという。

共同創業者で最高経営責任者（ＣＥＯ）のジョシュ・テトリック氏は、米国南部アラバマ州で生まれ育った。「子どものころはチキンナゲットやハンバーガーが大好きで、フットボール選手になりたかった」。二つの大学で法律などを学んだ後、アフリカで計七年間、国連に関連する仕事や路上生活をしている子供の教育に携わった。

〇七年、南アフリカで開催された世界経済フォーラムで、貧困層の課題を新たなビジネスで解決しようとする複数の事例を知ったことが人生を変えた。「それまでは資本主義の悪いところばかりが目についていたが、そのとき初めて、ビジネスの力で社会にプラスの影響を与えられるかもしれないと思った」

テトリック氏は、エネルギーや水の不足、貧困などの諸問題の中心に食料システムがあると考えた。帰国後、おいしく、より健康的で持続可能な食品を世界に届けることを使命に掲げ、高校時代からの友人と起業した。最初の製品に卵の代替品を選んだ理由は「世界中で消費される食品で、生産のためにエネルギーや水を大量に使うから」。製品開発に携わる約五〇人の研究者や技術者の中には、理念に賛同し、アップルなどの有名企業から移籍した人もいるという。

同社は現在、細胞培養による人工肉の開発にも挑戦している。ターゲットは日本が世界に誇る「ワギュウ（和牛）」だ。赤城山のふもとで三代にわたり黒毛和牛を生産する鳥山畜産食品（群馬県渋川市）に二年前から熱心にアプローチし、一八年一一月、提携の契約にこぎつけた。輸出用の食肉の細胞を使い、和牛の品質に関する同社の知見を参考に開発を進めている。

鳥山真社長は「人口がますます増える中、十分な動物性たんぱく質をとれる地域は世界でも限られている。日本国内で提携がどう受け止められるかという不安もあったが、目先の利益のためではなく、未来の食料問題に対処するための共同作業ととらえて協力を決めた」と話す。

米国には、細胞培養でクロマグロの人工すり身の開発に取り組むベンチャーもある。サンフランシスコ近郊にあるフィンレス・フーズ社は、マサチューセッツ大の二人の分子生物学者が、乱獲による水産資源の枯渇を技術の力で食い止めようと、一七年に創業した。

同年九月には、クロマグロと遺伝的に近いコイの細胞を培養したすり身でコロッケを作り、報道関係者らに振る舞った。マイク・セルデンCEOによると、製品化に向けた最大の課題は生産コストという。試食会の時点では一ポンド（約四五〇グラム）当たり一万九〇〇〇ドル（約二一〇万円）。現在は一ポンド当たり四〇〇〇ドル（約四四万円）まで下がったが、まだ本物には対抗できない。

セルデン氏は海洋生物について研究していたところ、生物の生息環境が人間の活動によって深刻なダメージを受けていることを知り、環境問題への関心を深めた。「だが、人々は通常、道徳的、倫理的理由で製品を選ぶわけではない。だからこそ、環境に良いだけではなく、おいしくて手に届きやすく、健康にも良い製品を目指している」

労働者が搾取される資本主義社会の構造を指摘した一九世紀の思想家マルクスに影響を受けたといい、「本来はビジネスが社会変革の最善の手段ではないと思うが、今日の社会においては迅速に課題に取り組むための唯一の方法だ。金持ちになることは動機ではない」と言い切る。かつて一獲千金の代名詞でもあった「アメリカンドリーム」。人類的な課題解決を夢見る若者の登場で、その意味が少しずつ変わり始めている。

若者の価値観変化を敏感に捉える米国

「ハリケーンなどの気象災害の増加や、家畜の劣悪な飼育環境を告発するドキュメント映像などの影響で、特に若者の間で環境問題や動物福祉への関心が高まっており、従来の動物性たんぱく質の生産・消費に疑問を持つ人が増えている」

シリコンバレーで活躍する起業家で投資家の吉川欣也氏は、米国でのフードテック台頭の背景には、若者の価値観の変化があると指摘する。「そういった課題を技術で解決し、かつ産業化を狙っていくのがシリコンバレー的な発想だ」。投資家の関心も高く、マイクロソフト創業者のビル・ゲイツ氏など著名人の投資もたびたび話題になる。情報技術（IT）やAI、ロボットを駆使した「アグテック」と呼ばれる農業関連ベンチャーと並び、重要な産業分野に育ってきたという。

吉川氏にとってシリコンバレーとは「夢とお金を生み出し、世の中に良くも悪くもインパクトを与える場所」だ。社会をより良い方向に変えていきたいと思っている起業家が多く、消費者との対話が多いのも特徴だという。

ボトムアップの民間の取り組みから新たな産業が生まれる米国とは対照的に、日本では近年、イノベーションが起こりにくくなっていると指摘される。多くの専門家はその原因を「視野が短期的になっていること」だと分析する。

山口栄一・京都大教授（イノベーション理論）はその背景に、一九八〇年代に米国で始まり、九〇年代に日本企業に導入された「株主価値の最大化」という考え方があると指摘する。企業は経営者だけのものではなく、株価を上げて株主に利益を還元することに重点を置くべきだとされ、株主の視点が経営に生かされるきっかけになった半面、企業が長期的なリスクを取れなくなる弊害も生んだ。「株主にとっては『価値を生まないものには投資するな』ということ。基礎研究は投資ではなくコストと見なされた」

第二章で見たように、日本では政府主導の研究開発でも、投じた税金に見合った成果を短期間で求める傾向が強まっている。

たとえば、内閣府の「戦略的イノベーション創造プログラム（ＳＩＰ）」（一五八〇億円）や「革新的研究開発推進プログラム（通称インパクト）」（五五〇億円）は、「基礎研究から社会実装までカバーする」とうたい、アベノミクスの成長戦略につなげる意向だったが、事業期間はいずれも一八年度までの五年間。本来、基礎研究は産業化まで数十年かかるケースも少なくない。「成果を意識するあまり、テーマが小粒になってしまった」と漏らす内閣府幹部もいる。

政府が一九年度に一〇〇〇億円余りを投じて始める新事業「ムーンショット」について、平井卓也・科学技術担当相は「思考の時間軸が短期的になっているという課題があるので、このような限界を突破することが重要だ」と話す。だが、どこまで長期的な視野に立てるのか。先行きは不透明だ。

独創的な企業が育つ米国の仕組みと風土

野心的なベンチャー企業がイノベーションを牽引してきた米国では、新しい技術やアイデアを持った起業家を多様な形で支援する土壌がある。

首都ワシントン西部のジョージタウン。落ち着いた街並みの中でひときわ目立つ「ハルシオンハウス」は、一七八〇年代に初代海軍長官の邸宅として建設された歴史的建造物だ。中を案内されると、部屋数の多さとモダンでぜいたくな内装に驚いた。機能的なオフィスに加え、現代絵画の飾られた応接室やポトマック川を望む広々とした会議室、約二〇〇人収容のイベントホールまで併設されていた。

ここは一四年からNPOが社会起業家の育成施設として運営している。社会起業家とは、営利・非営利を問わず、環境や教育、健康などのさまざまな分野で社会的課題の解決を目指す人たちだ。記者が訪れた一八年二月には、約三〇〇団体の応募者から選ばれた八団体一二人のフェロー（研修生）がいた。彼らは起業のノウハウやリーダーシップを学んだり、事業計画を練ったりし、何度も開かれるイベントで人脈作りにも励む。

米国には起業家を養成するインキュベーターと呼ばれる組織が数多くあるが、ハルシオンの特徴は、最初の五カ月間はフェローが隣接する寮で寝食を共にし、この間の生活費などとして計一万ドル（約一一〇万円）が給付されることだ。寮生活の最後には投資家らを前に起業の意図や計画を発表して投資や協力者を募る機会があり、その後も一三カ月間は無料で施設を利用できる。

一九年八月までにここから七七のベンチャー企業が生まれ、延べ九一〇〇万ドル（約一〇〇億円）の資金を調達した。八〇〇人近くの新たな雇用も創出された。設立後三年時点の存続率は約八五％で、米国内の平均約二〇％を大きく上回る。

ケイト・グッダル最高経営責任者（CEO）は「最もユニークなのは多様性に富むことだ」と強調する。

米国では、白人男性の起業家がより投資を集めやすいとされ、一八年に投資会社からベンチャー企業に投下された資金の全体額のうち、女性の創業者が調達した資金の割合はわずか二・二％というデータもある。また、アジア系人材の昇進が妨げられる状況は「竹の天井」とも呼ばれる。だが、ハルシオンが育んだ七七団体の五三％は設立者か共同設立者に女性を含み、六二％は白人以外を含む。フェローに年齢制限はなく、二～三割は外国籍だという。

「非日常的な空間を似た境遇の仲間と共有し、一人で考える部屋もあれば新たな出会いもある。そんな環境が人を成長させる。私自身の経験から、個人の力を最大限発揮する環境を考えて作った」。創設者の久能祐子《くのうさちこ》氏は語る。

久能氏はドイツ留学を経て京都大で工学博士号を取得後、ビジネスパートナーの上野隆司博士が発見した物質を基に新薬を開発しようと起業家に転身。実際に薬に結びつくのは数万分の一とされる医薬品開発の世界で、緑内障の点眼薬と便秘症治療の新薬を製品化した。二つの薬の売り上げは総額九〇〇〇億円近くに達し、一五年には米フォーブス誌の「米国で自力で成功を収めた女性五〇人」の一人に選ばれた。

ハルシオンハウスは久能氏が自身の資産で購入し、改装を施した。邸宅の名は、神の怒りを買って普段は嵐の中で暮らす鳥が、一年間に二週間だけ穏やかで安全な島で過ごすことを許され、そこで子作りをする――というギリシャ神話に由来するという。「インキュベーターにぴ

ったりだと思った」（久能氏）

研修生で過去唯一の日本人、セン・紙谷《かみたに》陽子氏は「思いを実現するのにたまたま適した形が起業だった。ハルシオンがなければやっていなかった」。医療機器の機械音やアラームなど病院内の音が患者や医療者に与えるストレスに着目し、院内に心地良い音環境を作る技術やアイデアを提供するベンチャー企業を一六年に設立した。同期の研修生とは社会をより良くしたいという思いが共通し、自然と仲間意識が芽生えたという。

社会起業家の多くは一九八〇年代から九〇年代半ばまでに生まれ、二〇〇〇年代に社会に出たミレニアル世代。彼らには三つの行動指標があると久能氏は指摘する。利益に加え、社会と地球環境に対するインパクトを重視することだ。

「お金が全てではないという意識が強く、商品やサービスを売れば売るほど世の中が良くなるビジネスモデルを模索している。投資もそういう起業家に集まり始めている」

前述のフードテックの起業家にも通ずる言葉だ。久能氏自身も、医薬品で患者の役に立ちたいという思いを原動力にしてきた。利潤追求が最優先の投資家たちとの価値観の違いにたびたび悩んだだけに、そうした考えがよく分かるという。

気候変動対策を否定し、国際協調を軽んじるトランプ政権を生んだ現在の米国の風潮とは対照的な考え方にも見えるが、久能氏は「新しい価値観と伝統的な男性社会の価値観とがせめぎ合っているのが今の米国。どちらが残るか分からないが、米国は日本が思っているより柔軟な社会。二〇年、三〇年かけて世の中が変わっていくと期待している人は多い」と分析する。

研究者の自由な発想を重視するNIH

ハルシオンは起業家を支援する場だが、米国では学術界にも、個々の研究者の自由な発想を重視する仕組みがある。一つの例が、世界の医学・生命科学研究をリードする米国立衛生研究所（NIH）の競争的研究資金の配分システムだ。

首都ワシントンの北部、メリーランド州ベセスダに本部があるNIHは、二七の傘下研究所で構成される。年間予算約三九二億ドル（約四兆三〇〇〇億円、一九年度）のうち、各研究所内で使われる研究費は一割に過ぎず、八割以上は競争的研究資金として、国内外の大学や研究機関に所属する三〇万人以上の研究者に配分されている。同じ分野の研究費を配分する国立研究開発法人・日本医療研究開発機構の三〇倍以上の規模だ。

研究費獲得には、独立した二段階の審査を受ける。一段階目で専門分野の近い外部の審査委員によって評価を受ける点は日本の文部科学省の科学研究費補助金（科研費）と似ているが、NIHの大きな特徴は、申請から審査までの各段階で研究者の相談に乗る専門職員「プログラムオフィサー（ＰＯ）」や、審査委員会を運営する「レビューオフィサー」の存在だ。

いずれの役職も、専門分野の博士号はもちろん、豊富な研究経験が求められる。傘下研究所の一つ、国立小児保健発達研究所で三年前からＰＯを務める臓器形成部門の外山玲子部長も発生学の研究者だ。外山氏によると、審査では個々の申請に対して必ず六〜一〇ページの評価書が作成され、ＰＯは要望があれば申請者と一緒に評価書を読み解き、申請書の改善に向けた具体的な助言をする。時には「全体の構成やアピールの仕方を、研究者と一緒になって考える」という。

審査で重視されるのは、研究成果をどのように応用できるかではなく、研究計画の実現可能性や、期待される成果が医科学の知見を新たなレベルに導きうるかだという。

外山氏は「ＮＩＨの任務は人類のためになる科学的知識を積み上げること。そのために何をすべきかは現場の研究者が一番よく知っているので、研究は基本的にボトムアップ型で行われる」と話す。一部に特定予算によるトップダウン型の研究もあるが、必要な技術や機器類の開発など研究の後方支援分野が多く、「日本で行われているような形での行政主導のプロジェクトはほとんどない」という。

科学への理解と手厚いサポートが米国の医科学研究を支えている。

女性が働きやすい研究環境づくりが進むスウェーデン

「やりたいことをやり抜くためには、何度ノーと言われても意志を貫く必要があった」。ストックホルムで一九年三月に開かれた、ＩＴ（情報技術）と女性をテーマにしたイベント「Ｗｏｍｅｎ ｉｎ Ｔｅｃｈ（ＷＩＴ）」。冒頭で講演した米航空宇宙局（ＮＡＳＡ）の一部門で副責任者を務めるサンドラ・カウフマン氏は、約一〇〇〇人の女性起業家や女性研究者を前に半生を振り返った。

カウフマン氏は中米コスタリカ出身。電気工学を学ぼうと大学に入学したところ、教員から「女性には適さない」と言われて断念した。三年後、「やはり自分のやりたいことをやりたい」と、別の大学に移籍し電気工学と物理学を学んだ。母親が背中を押し続けてくれたことが心の支えだったという。「夢に到達するのにかかる時間は関係ない。回り道を恐れないで」と締めくくった。

ＷＩＴは一四年から毎年、国連の「国際女性の日」に合わせてストックホルムで開催されている。国内外のＩＴ業界で活躍する女性の講演のほか、ＩＴ企業五〇社以上がブースを出展し、自社の事業を紹介する。イベントを支援するスウェーデン研究所の広報担当、リビア・ポデスタ氏は「女性にIT分野への職業選択を促す運動。技術職で働く女性たちのために、経験を共有する場を提供したかった」と話す。WITが一四年にIT業界で働く女性にアンケートしたところ、四六％が育児など女性特有の課題や偏見で昇進を諦めたり、職種の変更を余儀なくされたりしたという。

福祉国家のスウェーデンでは多くの分野で女性の社会進出が進んでいるが、IT分野は例外だった。政府は一九九九年に情報社会の先進国となる目標を掲げたが、二〇〇〇年代に入ってもIT分野で働く女性は二割に満たなかった。そこで職業安定所でITに特化した女性向けの職業訓練をしたほか、同研究所ではストックホルムで起業を目指す女性に対する奨学金制度も設け、海外からの人材呼び込みにも力を入れている。それまで海外で開かれていたWITもストックホルム市が誘致した。

WITをきっかけにIT会社に就職したロージー・リンダー氏は、インターネット上で学べる二～九歳向けの教育プログラムのアプリを開発。「子育てと両立しながらどう仕事をしていくべきか、ヒントをもらった」と話す。

スウェーデンでは子育てに積極的な男性が多く、男性の育児休業の取得率も高い。公共の場にあるトイレには、男性側にもおむつ交換台が備えられているなど、日本からみると先進的な環境に見えるが、リンダー氏は当初、子供を持った後も仕事を続けられるか不安だったという。「社内外の人と私の考えを共有し合うことで、子育ては仕事に不利にならないと知った。むしろアイデアはそこから生まれる」。今は二歳の長女からヒントをもらうこともあるという。

現在、ＩＴ分野の女性の割合は三割超まで増えた。一四〜一六年の就業者の伸び率は男性の四・六五％増に対し、女性は一二・五％増。ポデスタ氏は「これからもＷＩＴを通して世界の女性たちをリードしていきたい」と話している。

女性管理職が少ない日本

一方、日本における女性研究者の割合は一五・七％（一七年）で、残念ながら主要国最低レベルだ。大学や研究機関のリーダー層を占める女性も少なく、国立大では八六法人中、女性学長は四人しかいないが、これでも過去最多なのだという。

「政府の政策では、まず理系の女子学生を増やそうとするが、教授や管理職レベルの女性進出が進まないと、根本的な解決にならない」

優れた女性研究者に贈られる「猿橋賞」を一九年に受賞した梅津理恵・東北大准教授は、同年四月の記者会見でこのように語った。梅津氏の専門である物理学分野では、大学院に進む女

主要国の女性研究者の割合

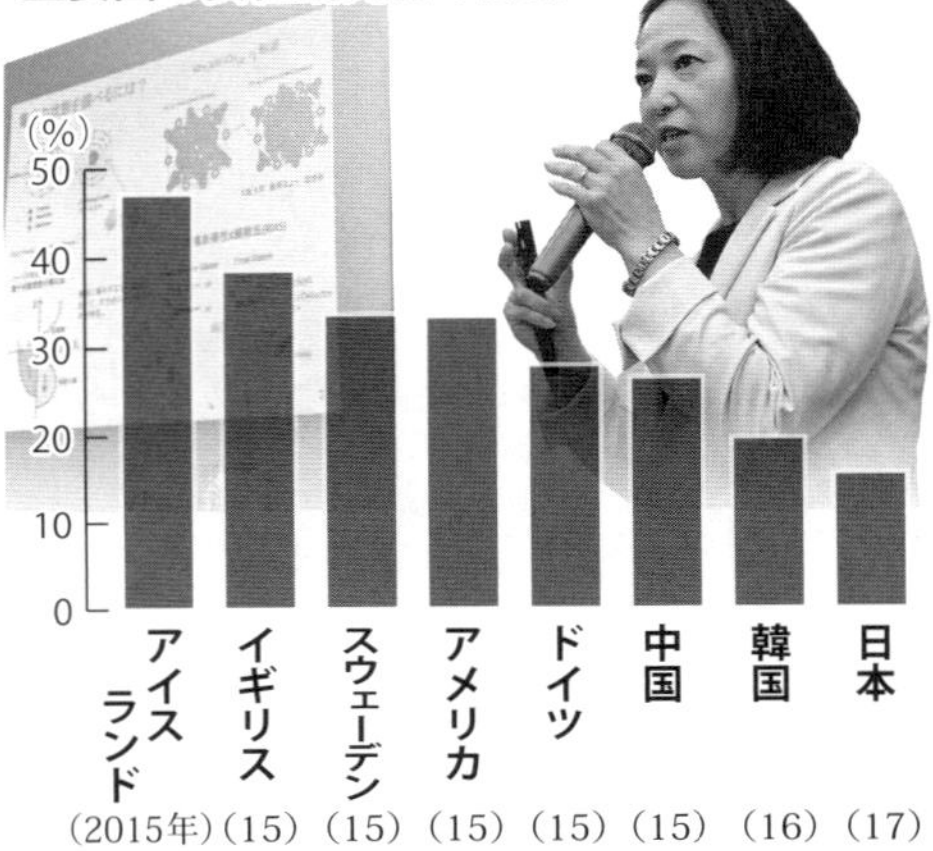

※内閣府男女共同参画白書2018年版、中国科技統計年鑑2016の資料などから作成

※優れた女性研究者を顕彰する「猿橋賞」を受賞した梅津理恵・東北大准教授

子学生の人数がもともと少ない上、助教、准教授、教授と昇進するにつれて、女性の割合がさらに減っていくという。

「米国では『リークパイプ（水漏れする管）』と例えられるが、女性比率が管理職レベルで低いのは問題だ」

梅津氏は「自分の本当にしたいことをやりたい」と研究の道に進んだ。結婚し、三人の子を出産。海外の学会へ参加するため、生後一〇カ月の長女と義母を同伴して出張したり、保育園からの呼び出しで実験を最後まで見届けられない時には、同僚に協力を頼んだりしながら実績を積んだという。

「周囲の人たちに恵まれていた。私は運が良かった」と梅津氏は振り返る。単身赴任や育児、親の介護などで、多くの女性研究者が研究現場を離れていくのを見てきたという。

研究機関に所属する男女を対象にした文部科学省の一八年の調査では、女性研究者の数や活躍するための環境の改善については「不十分」という評価が大半を占めた。

「不十分」と評価した理由としては「ライフステージを考慮した環境ではない」「土日・祝日の出勤が非常に多く、子供がいる人には困難な環境」などが挙がった。

日本の研究現場に見切りをつけ、海外に活路を求めた女性研究者もいる。鳥居啓子・米ワシントン大卓越教授は、東京大の任期付き博士研究員（ポスドク）を経て、九四年春に渡米した。物理学者の伴侶と出会い、米国を拠点に、二人の娘を育てながら植物の研究を続けた。

「米国は医療保険制度の整備が日本よりずっと遅れていて、産休も育休もほとんどない。でも、お互いに助け合う雰囲気が強い」と話す。妊娠八カ月まで大学で講義をし、出産直前まで実験した。授業や研究室に子供を同伴しても歓迎する雰囲気があったという。

忘れられない、日本での対照的な経験がある。一二年前、名古屋大に出張し、当時三歳と五カ月の娘を連れて新幹線に乗ったときのこと。「通勤時間に子供を乗せるなんて」と、男性乗客の一人から怒鳴られたという。

「子供を預けられない状況で、こちらも仕事のために移動しているのに。女性の心をくじく文化だと思った」（鳥居氏）

梅津氏は「今の日本の状況では、正直なところ、女性の後輩に、こういう道（研究職）を一〇〇％の気持ちで勧めるのはためらわれる」と吐露した上で、こう続けた。

「けれども、管理職を含めもっと女性研究者の活躍の場が増え、選択肢が増えれば、進路の一つとして勧められる日が来ると思う」

第四章の最後は、日本の低迷を打開するためのヒントが詰まった、二つのインタビューで締めくくりたい。

一人目は、日本の大学組織の常識を破るさまざまなシステム改革で世界をリードする研究所を作り上げた東京大カブリ数物連携宇宙研究機構(注1)（Ｋａｖｌｉ ＩＰＭＵ、千葉県柏市）の村山斉《ひとし》・前機構長、二人目は、英科学誌ネイチャーで女性として初めて編集長に就いたマグダレーナ・スキッパー氏だ。

インタビュー

「基礎研究への投資は未来への投資」

――村山斉・カブリ数物連携宇宙研究機構教授

――「世界トップレベル研究拠点」(注2)の一つとして発足したＩＰＭＵの初代機構長に就任し、一一年が経ちました。機構長交代の一八年一〇月の記者会見で、自身の立場を「中小企業の社長」に例えたのが印象的でした。

米国で長年研究していて常々思っていたのは、日本人研究者が国内で素晴らしい研究をしているのに、どうも海外と「ツーカー」の関係になっていないということだった。日本人の論文が話題になっても、「誰々の論文」ではなく「ジャパニーズペーパー（日本人の論文）」と呼ばれている。そのため、世界から目に見える研究拠点を作るという目標に興味を覚えた。自分のビジョンで研究所を設計、運営できるのはうれしいことだが、機構長の仕事は基本的にサービス業。世界を行脚して研究所の存在を知ってもらい、優秀な人を連れて来て、彼らが何も心配せず活発に研究できる資金と環境を用意することだ。しかし、政府の支援は補助金で、次年度に繰り越せない。言うなれば、約一〇〇人の従業員を抱え、貯金ゼロの上に、約一〇年後には「融資」が打ち切りになることも分かっている中小企業の社長のようなもので、非常に難しい状況だった。

――優秀な人材を獲得するためにどんな工夫をしたのですか？

まず、採用プロセスを「国際標準」にした。日本の大学で教員を採用するときは、教授陣が同時に面接し、質問攻めにするのが普通だが、丁寧に見なければその人の全貌は見えない。IPMUでは応募者一人当たり六〜一〇通の推薦状を提出してもらい、主要メンバーが三日から一週間ほどかけ、一対一で約一時間ずつ面接する。給与体系も市場原理に基づくよう改善した。トップクラスの研究者を海外の大学から引き抜くこともあるが、少なくとも現在の給与を保証しなければ誰も来てくれないし、多少の積み上げも必要だ。結果的に東大学長より高くなるケースもある。海外とのつながりが途絶えることを恐れる外国人研究者のため、年間一カ月以上は海外で研究することを義務づけるとともに、海外の著名な研究者を頻繁に招いている。

――スタートから一一年(インタビューは一八年一〇月)。「世界から目に見える研究拠点」は実現しましたか?

研究者の約半数は外国人、助教以上の教員の外国人比率は米国の主要大学よりも高い三七%と非常に国際的だ。論文数も順調に伸び、これまでに巣立った一三七人の四〇%が大学教員になった。毎年一五人ほどの若手の採用枠には六〇〇〜八〇〇人もの応募がある。IPMUが国際的なキャリアパスとして定着してきた証しだろう。国際共著論文も全体の八割に迫る勢いで増えているが、諸外国と「地続き」の環境ができたからこその結果だと思う。

——前例のないシステム改革を進める中で、抵抗もあったのでは？

細かいことでは毎日の「ティータイム」を始めるところから大変だった。研究者全員が午後三時にホールに集まり、お茶やクッキーを手に自由な議論をする場だ。分野融合型のIPMUのコンセプトを体現する取り組みで提案書にも盛り込んでいたのに、事務の人は「国民の税金を飲み食いに使うのはとんでもない」と。東大の研究担当理事に許可する旨を一筆書いてもらってやっと実現し、そこでの議論から画期的な研究成果が数多く生まれている。米国カブリ財団から日本の研究所として初めて寄付すると申し出があった際も、文部科学省をはじめ関係各所が反対したため、一年ほど財団側に待ってもらった。海外ならあり得ないことだ。

米国の大学には日本の教授会に相当する組織はなく、学科長など責任ある立場の人が自己の判断で決定する。つまり、何か新しいことを始めたいとき、この人を説得すれば実現するという誰かが存在する。一方、日本ではさまざまな部署の人に同じ話をして、誰もはっきり駄目だと言わなかった時に初めて組織として「やってもいいか」という雰囲気になる。時間はかかったが、少しずつ突破していった。ＩＰＭＵの改革の多くは意義が認められ、今では文科省の大学改革プランに盛り込まれるなど他大学にも普及しつつある。

――日本では近年、応用が見えにくい基礎科学が軽視される一方、国が主導する出口志向の大型研究開発プロジェクトが増えています。

人間が他の動物と一番違うのは好奇心を持つところで、それこそが文化・文明・基礎科学の全ての原動力だ。また、歴史を振り返ると、すごいイノベーションは全て、誰も意義が分からないような基礎的な研究から生まれている。究極の例が素因数分解だ。紀元前三〇〇年にユークリッドが、正の整数は素数同士のかけ算で書けることを証明し、現代のインターネットにおける暗号通信の基礎になっている。あらかじめ期間や予算が決まったプロジェクトでは、研究者は必ず実現できそうなものしか提案しないので、真のイノベーションは起きないだろう。宇宙への好奇心から始まる研究も、思いもかけない形で役に立った例がたくさんある。特に資源のない日本のような国にとっては、基礎科学に投資することは「未来への投資」と言えるのではないだろうか。

むらやま・ひとし　東京大大学院修了。素粒子物理学者。一九九三年から米国を拠点にし、二〇〇〇年から米カリフォルニア大バークリー校教授で現在も兼任。一七年にフンボルト賞を受賞。

（注1）**東京大カブリ数物連携宇宙研究機構**　数学・物理学・天文学を融合し、宇宙の始まり方などの根源的な謎の解明に取り組む。〇七年一〇月、九年半の時限付きで発足。当初のWPI五拠点で唯一、五年の延長を認められ、支援が終わる二二年以降も東大の恒久的研究所として存続することが一八年決まった。構成員は約一七〇人で、一八年一〇月に大栗博司・新機構長が就任。〇七〜一七年の発表論文のうち、他の論文で引用された回数が世界の上位一〇％に入った論文の割合は、英ケンブリッジ大（約二三％）などを上回る約二五％だった。

（注2）**世界トップレベル研究拠点プログラム（WPI）**　世界から「目に見える研究拠点」の形成を目指し、一定の要件を目指す機関に集中投資する文部科学省のプログラムで、〇七年度に開始。これまでに一三拠点が採択され、一八年一一月現在、九拠点が補助金の支援を受ける。一八年度予算は約七〇億円。

インタビュー

「職場の多様性　追求を」

――マグダレーナ・スキッパー・英科学誌ネイチャー編集長

――近年、日本の科学技術の衰退が指摘されています。要因は何でしょうか？

日本の研究者の話や統計データなどから考えると、研究や研究者への支援が不十分だ。第一は資金面。特に応用研究には大変な費用がかかるが、公的資金だけでは国際競争力のある研究を進められないと考えている研究者は多い。

もう一つは環境面だ。仕事として安定して研究が続けられる環境がなければ、世界で勝負できる成果を生み出すのは難しい。教育面の支援も重要だ。学生らに研究者が価値ある職業であることを伝えるべきだ。

――最先端研究で米中の競争が激化しています。中国の躍進をどう評価していますか？

中国国内で科学に対する関心が高まり、世界の研究成果に対する貢献も増している。中国の研究資金は尋常ではなく、成果を出しているのも不思議ではない。

興味深いのは、中国の研究が国際的な共同研究の上に成り立っていることだ。中国人の科学者の多くは特に若い時に欧米などでキャリアを積み、その経験を持ち帰っている。もちろん帰国後に十分な支援を受けているが、国際協力が重要な役割を果たしていると思う。

――一八年、中国でヒトの受精卵にゲノム編集が実施され、双子が生まれたことが世界的な議論を呼んでいます。倫理面で懸念のある論文についてはどう対処しますか?

人体、特にヒト胚を使った研究は国際的な生命倫理のルールにのっとって行われなければいけない。今回、中国で行われた研究はどんな国際的な指針でも認められていない。

実際に懸念のある論文が投稿された場合、倫理委員会が適切に審査したことを示す資料を提出してもらう。そういった資料がなければ(掲載の)検討対象にはしない。また、生命倫理の面からの判断が非常に重要になった場合は、倫理学者に査読に加わってもらい慎重に取り扱っている。

――日本では、研究室を主宰するような指導的立場にある女性研究者が非常に少ないのが現状です。

日本だけの問題ではないが、日本は特に顕著だ。世界の女性研究者の比率は三〇％だが、日本は十数％にとどまる。人口の半分が女性だからという理由だけでなく、職場に多様性があれば、生産性が上がり、より良い成果が生み出されることが過去の研究で明らかになっている。メリットがあるからこそ多様性を追求する必要がある。子供のころから「女性だから〇〇に向いていない」といった偏見を与えない教育も重要だ。（出産、育児など）ライフステージに応じたサポートも、女性だけが必要なわけではない。男性も含め社会全体で取り組むべき問題だ。

一九六九年生まれ。英ケンブリッジ大で遺伝学の博士号を取得。英王立がん研究所研究員などを経て、二〇〇一年に「ネイチャー・パブリッシング・グループ」入社。一八年五月に女性初のネイチャー編集長に就任した。

エピローグ

宇宙、深海、サイバー空間――。人類はこれまで、最新の科学技術を駆使して新たな世界を切り開いてきた。そうしたフロンティアの中でも、中国をはじめとする各国の政府が現在、熱い視線を注ぐのが、これまで氷に閉ざされてきた北極圏だ。分厚い氷を切り裂く砕氷船や、過酷な環境でも稼働できる観測機器といった科学技術の発展と、地球温暖化の影響で氷が溶け始めたことにより、探究の余地と経済的な魅力が生まれてきたのだ。

北極圏に中国が攻勢

五階建ての黒塗りのビルの正面に、五星紅旗がはためく。北極海に面したアイスランドの首都・レイキャビクの大通り沿いに七年前に完成した中国大使館を、地元住民は「ブラックキャッスル（黒い城）」と呼ぶ。人口三五万人の小国に置かれた大使館としては、ひときわ豪勢で異彩を放つ。

鉄条網のある柵や随所にある監視カメラからはものものしい雰囲気が漂うが、一階のホールでは住民らを招いた催しがたびたび開かれるという。一八年秋、中国文化を紹介する「チャイナ・ナイト」に参加したという元教師のヘルギ・グリムリノソン氏は「中国舞踊を初めて鑑賞し、楽しかった」。近くで飲食店を営むユナ・オウガストソン氏は「市内に居住する中国人が

アイスランド・レイキャビクで威容を誇る中国大使館＝2019年３月11日、荒木涼子撮影

増え、団体で来てくれる」と喜んだ。

中国がこの国にこれほどの関心を寄せる理由は、北極圏の権益だ。近年、地球温暖化の影響で北極を覆っていた氷が溶け始め、資源開発や欧州とアジアを結ぶ新たな航路開拓を目的に各国が熱い視線を送る。地球上で未発見の石油の一三％、天然ガスの三〇％が眠っているとされ、既に米国やロシアの大手石油企業が開発に着手した。〇九年にロシアの領海で初めて商用航路が開かれて以降、利用する船が増えている。デンマークの自治領グリーンランドでも鉱物資源の開発が進む。

全米科学財団は一六年、「未来に向けて投資すべき一〇課題」の一つに北極海航路を挙げ、日本も一八年に策定した海洋基本計画に初めて北極重視を盛り込んだ。気候変動の影響が表れやすく、科学的にも重要な地域だ。

中国は一八年一月にまとめた白書で、北極海航路を「アイス（氷上の）シルクロード」と表現し、研究開発や投資を進める方針を掲げた。南極条約で利活用のルールが定められている南極とは違い、北極には統一的な国際ルールがなく、北極圏八カ国の政府で作る「北極評議会」のほか、ノルウェーで〇七年から続く「北極フロンティア会合」など協議の枠組みも乱立している。

そんな中、中国はアイスランドに急速に接近しており、日本の外務省関係者によると、グリムソン前大統領も「かなりの親中派」。アイスランドでは一三年から、政府関係者や研究者、企業経営者ら約二〇〇〇人が参加して北極開発について話し合う国際会議「北極サークル」が毎年開催されているが、中国からの招待講演者が目立つという。

一方、北極の科学研究でも中国の存在感は増している。〇四年にノルウェー・スバルバル諸島に中国初の北極観測基地を建設。一八年にはアイスランドと観測基地の共同運営を始めた。一七年には二カ月をかけて観測船で北極を一周し、気象や航路、海洋生物を調査した。内閣府総合海洋政策本部は「国際プロジェクトでも、ここ数年で中国人研究者の参加が増えた」と明かす。

こうした中国の動きに、従来、主導権を握っていたロシアや米国は警戒感を強めている。ロシアは排他的経済水域での外国籍の商用船舶の航行規制を強化する法律を施行。北極海に面する米アラスカ州の議員らからは、グリーンランドに駐留する米空軍の規模拡大など、軍事面の強化を訴える声も高まっているという。

各国の思惑が科学研究に波及する恐れも指摘される。アイスランド研究センターのハルグリムル・ヨナソン事務局長は「規模の小さなアイスランドが成果を出すには外国との共同研究が欠かせず、組む相手にはこだわらない」と説明したが、「中国は国の主導で一気に科学政策も決まると聞く。継続性についてどこまで信頼できるか、懸念が全くないと言えばうそになる」と不安も口にした。

日本の北極域研究推進プロジェクトに参加する山口一・東京大教授（海洋技術環境学）は「北極海はまさに混沌《こんとん》としている状態。資源についてはロシアなどが明らかに保護主義の姿勢を示しており、いつ研究面にも影響が及ぶか心配だ」と話す。

政治に翻弄される科学

科学はしばしば国際政治に翻弄されてきた。貿易摩擦に端を発した米中間の「ハイテク戦争」もその一例だ。

トランプ米大統領は一八年八月、次世代通信規格の第五世代（5G）移動通信システムの技術開発を進める中国の通信機器大手「ファーウェイ」などの製品を米政府機関とその取引企業が使用することを禁じる法案に署名した。中国企業を通じ、米軍や政府、企業の情報が漏れるリスクを懸念したためだ。ハイテク分野で学ぶ中国人学生へのビザ発給も厳格化し、オバマ前政権が五年間に拡大した有効期間を一年間に戻した。

これを受け、米国内の有力大学でファーウェイとの関係を見直す動きが相次ぐ。カリフォルニア大バークリー校は一九年二月、同社との研究協力を停止。四月にはマサチューセッツ工科大も同社との新たな協力関係を打ち切ると発表した。

トランプ大統領はファーウェイに対する同様の措置を同盟国に求め、日本政府は応じたが、欧州連合（EU）は見送った。国内外の科学技術政策に詳しい角南《すなみ》篤・政策研究大学院大客員教授は「日本は今、最も難しい分岐点にある」と指摘する。今後、中国人留学生受け入れを制限したり中国企業との研究協力をやめたりする「踏み絵」を米国から迫られる可能性があるといい、「どう対応すればいいか、見極めが難しい」と話す。

一方、科学研究ではインターネットの普及などによるグローバル化が進み、世界各国が参加する国際プロジェクトが頻繁に行われるようになった。多額の費用を要する粒子加速器や大型望遠鏡などの巨大科学でも国際協力は欠かせない。米国がとる保護主義は、こうした傾向と逆行している。

スウェーデン最大のオーロラ観測施設で中国の研究チームとも共同研究を進めるウプサラ大のステファン・ブチャート教授は「私たちの大学にも中国人研究者は大勢いる。米国内に限らず、さまざまな国で共同研究ができなくならないか心配だ」と懸念し、こう語った。

「本来、科学研究と政治は別だ。国を超えた協力は、今や欠かせない。オープンな情報共有こそが科学の発展につながる」

かつて科学技術立国として多くの分野で世界のトップランナーとして駆けてきた日本。取材では、研究現場の実態やその源流となる政策をひもとくことで、世界から大きく取り残されつつある日本の現状が浮かび上がった。

その一方、国同士の覇権争いは、国際協調を前提とした自由な科学研究に暗い影を落としている。国際政治が複雑さを増していく中、日本の科学技術はこれからどう発展し、地球や人類の未来に貢献していけるのか。これまで以上に難しい舵取りが求められている。

あとがき

もしかしたら、本書のタイトルに違和感を持たれる読者がおられるかもしれない。このところ、毎年のように日本人科学者が自然科学分野でノーベル賞を受賞している。日本の科学技術は衰退などしていないではないか、と。しかし、近年のノーベル賞に結びついた成果の多くは三〇年以上前に出されたものである。平成のノーベル賞ラッシュは、決して現在の日本の実力を反映してはいない。

一方で、当のノーベル賞受賞者たちが「日本の研究環境は劣化している。知的好奇心から研究を進められる芽を残してほしい」（大隅良典・東京工業大栄誉教授、二〇一六年に医学生理学賞）などと、科学技術予算の増額や基礎研究への投資を訴える姿もまた、年中行事のようになっている。多くの受賞者は「このままでは二〇年、三〇年後には日本からノーベル賞は出なくなる」と危機感を口にしているが、普段、大学などの研究現場を取材しているわれわれ科学記者の実感も同じである。

かつて日本は「ものづくり」で高度経済成長を成し遂げ、米国に次ぐ世界第二の経済大国になった。「日本製」は高品質の代名詞となり、世界を席巻した。しかし、近年、シャープや東芝といった日本を代表するメーカーが経営難から次々に事業の切り売りを余儀なくされた。日本経済を牽引してきた自動車業界でも、タガが外れたように検査データ改ざんが次々と発覚し、消費者の信頼を失った。ＧＡＦＡに代表される新たな産業の波に乗り遅れた日本企業に、「ライジング・サン」「ジャパン・アズ・ナンバーワン」と言われたころの輝きはもはやない。

日本メーカーが力を失い、経済が傾くのと並行して、大学などの研究も衰退している。第二章で詳しく述べているが、主要国の中ではほとんど唯一、科学論文の数が減っている。政府による近年のさまざまな「改革」の結果、研究現場は疲弊し、大学間の格差も広がった。どうしてこんなことになってしまったのか。それなのになぜ政府はますます研究現場への締め付けを強めようとしているのか。そうした問題意識から、われわれの取材は始まった。

悪い結果が出ているにもかかわらず、方針を改めようとしないばかりか、さらにアクセルを踏もうとする根本的な要因は、科学技術政策が政治イシューになっていないことにあると思う。政権交代前後、各政党に科学技術政策についてアンケートしたことがあるが、自民党も民主党（当時）も科学技術を経済成長に役立てようとする「出口志向」に変わりはなく、政策にも大きな違いはなかった。実際、政権交代を経ても、総合科学技術会議（現在の総合科学技術・イノベーション会議）や宇宙政策委員会といった政権の科学政策のブレーンとなる組織の有識者メンバーは大きくは変わらなかった。国会で科学技術が議論になることも、ほとんどない。「カネにも票にもならない」（第三章での尾身幸次・元科学技術担当相の発言）科学技術分野に関心を持つ国会議員は少なく、与野党間でも大きな議論にならないとなれば、幅をきかすのは官僚の論理だけとなる。官僚は基本的に間違いを認めない。「行政の無謬性」というやつである。必然的に、過去の政策の検証も十分に行われないまま、いったん決めた方針が踏襲されることになる。最近になってようやく「根拠に基づく政策立案（ＥＢＰＭ）」という言葉が霞が関でも言われ出したが、裏を返せば、今までそのような考え方はなかったという証左である。

本書は、一八～一九年に毎日新聞科学面で連載した「幻の科学技術立国」がベースになっているが、大幅に加筆してあり、事実上の書き下ろしと言える。連載当時、毎日新聞科学環境部に在籍した須田桃子、阿部周一（現大阪社会部）、酒造唯（現新潟支局）、伊藤奈々恵（現世論調査室）、斎藤有香、荒木涼子の各記者が取材・執筆を担当し、須田がキャップ、西川がデスクを務めた。これまで文部科学省などの霞が関をはじめ、生命科学、宇宙開発、原子力、環境問題などさまざまな分野を担当してきた入社数年から十数年の中堅・ベテラン記者たちであり、そのバックグラウンドの多様さが豊富な現場取材の支えになった。

新聞連載時から一貫して心がけたのは、「現場報告に徹する」ことである。そのために、取材班は普段の主な取材フィールドを飛び越え、政治家や企業経営者にも幅広く取材した。政治記者や経済記者が描く政界、産業界とはまた違った側面を見せられたのではないかと自負している。「越境」取材したことで、われわれ自身、気づかされたことも多かった。特に、日本の企業のあまりに近視眼的な経営には、頭を抱えたくなった。

第四章では躍進著しい中国の研究現場やベンチャー企業、金儲けだけではない新たなアメリカンドリームを目指す米国など、海外の最新動向を紹介した。イノベーション（新たな価値創造）を目指し、世界が官民挙げて競争を繰り広げている現在、今のような政策を続けていては、日本の存在感はますます低下しかねない。

日本はこれからも科学技術で食べていく国である。科学技術政策を政治イシューにし、政治家や官僚の意識を変えるためにも、多くの人々にこの問題に関心を持っていただきたい。本書がその一助になれば、取材班としても喜びである。

二〇一九年九月

前・毎日新聞科学環境部副部長（現福島支局長）　西川　拓

装丁　秦 浩司(hatagram)
組版　キャップス

誰《だれ》が科学《かがく》を殺《ころ》すのか
科学技術立国《かがくぎじゅつりっこく》「崩壊《ほうかい》」の衝撃《しょうげき》

第1刷　2019年10月30日
第4刷　2020年 1 月30日

著　者　毎日新聞《まいにちしんぶん》「幻《まぼろし》の科学技術立国《かがくぎじゅつりっこく》」取材班《しゅざいはん》

発行人　黒川昭良
発行所　毎日新聞出版
〒102-0074　東京都千代田区九段南1-6-17　千代田会館5階
営業本部:03(6265)6941
図書第二編集部:03(6265)6746
印刷　精文堂
製本　大口製本

ISBN978-4-620-32607-8